# 絶滅危惧種
# 手作りもめんふとん

安田 宗光

# もくじ

まえがき …… 1

第一章　寝具の歴史 …… 7

一　上代の寝具 …… 8

二　中世の寝具 …… 11

三　近世の寝具 …… 13

四　近代の寝具（国民生活から見た変遷） …… 23

五　現代の寝具 …… 26

（一）　高度成長と寝具革命 …… 26

（二）　バブルの崩壊と使い捨てのふとん …… 32

（三）　深刻な問題と今後の課題 …… 34

第二章　寝床とふとんの現状 …… 39

一　背景と目的、調査研究の内容 …… 40

（一）　調査の背景と目的 …… 40

（二）調査研究の内容……40
（三）アンケート調査エリア・属性・項目……41
二　就寝のスタイルの現状……43
三　季節別寝具の「組み合わせ、使いわけ」の現状……49
（一）和室（畳）の寝床にふとんで就眠の場合（128名）……49
（二）洋室（フローリング）の寝床にベッドで就眠の場合（202名）……54
（三）洋室（フローリング）の寝床に和ふとんで就眠の場合（70名）……58
四　現状における寝床環境の問題点……63
（一）季節別ふとんの「組み合わせ、使い合わせ」の誤り……63
（二）睡眠環境の劣化……66
（三）エアコンの依存症……76
（四）睡眠の現状について……85
五　木綿ふとん再認識の必要性……101
第三章　使い捨てふとんの問題点……107
一　なぜ、木綿の手作りふとんが衰退したのか……108
二　なぜ、使い捨てふとんが環境問題になるのか……115

三　なぜ、使い捨てのふとんが健康問題を起こすのか……122
四　なぜ、ふとんのリサイクル「打ち直し」が崩壊するのか……127

第四章　今、なぜ木綿の手作りふとんなのか……131

一　なぜ木綿の手作りのふとんを作るのか……132
二　なぜ、木綿の手作りふとんに拘るのか……134
三　なぜ、今使い捨てふとんが問題なのか……142
四　なぜ今、ふとんに無知・無頓着・無関心な人が多いのか……150
五　良い睡眠を得るために……153

おわりに……158
参考文献……160

# まえがき

わが国は温帯に位置し、四季の変化に富み、高温多湿が特徴になっています。日本は南北に細長い地勢のため、北海道は寒冷、沖縄は熱帯、といったように地域により大きな気候の差があり、また、同じ本州でも太平洋側と日本海側では天候が全く異なっています。そのため、地域差を克服できる保温性や通気性・復元力に優れ、温度・湿度を調節する機能や、リサイクルが出来て経済的な、人と地球環境にも優しい素材、木綿の綿を利用した手作りの和ふとんを考案し、発展させてきました。

戦後になると、木綿の手作りふとんに代わる合繊の綿や羽根・羽毛・羊毛など、新素材の出現や、1980年代のバブル景気にも乗り、高級羽毛など急速に寝床環境の洋風化や改善が進んだのです。しかし、1990年以降バブルが崩壊すると、失われた二十年と言われる程、疲弊した日本の経済の中で所得格差が急速に拡大、2000年以降に入ると労働の規制緩和も加わりワーキングプアなど、生活保護以下の所得で生活しなければならない若者が続出し社会問題となりました。そのため、消費者はあらゆる面で節約志向を強め、使い捨て感覚で手軽に利用できる、安価な合繊の既製輸入ふとんを再び買いあさるようになったのです。結果として、価格破壊や乱売が激化、当然の成り行きとして「品質破壊」を生み、規格外の寝具が出回るようになりました。

こうして、改善が進みかけた寝床環境は再び悪化の傾向をたどるようになり、そのため、「蒸れる」、「へタって底付感がある」などふとんとしての品質を疑う粗悪品が横行、日本製シーツ一枚の値段で敷・掛け・枕の組布団が買えるようになり、ふとんは全く価値のない消耗品となってしまいました。

このような傾向は、打ち直しをして再び甦り、決して目減りすることのない資産価値があった以前の木綿ふとんのように、物を大切にし、「もったいない」のリサイクルを美徳とする日本の価値観は急激に廃れ、使い捨てのライフスタイルが定着したのです。同時に、伝統的な睡眠の和式スタイル（畳と木綿ふとん）は大きく後退し、洋式スタイル（フローリングにベッド）の流れは大きく加速、安くて便利な合繊ふとんが大量に市場に出回るようになりました。

その結果、自然に逆らわず季節に応じてふとんの「組み合わせ」や「使い分け」を行い、床内気候を調整して快眠の工夫をした、エアコン以前のように「畳の上に綿の入った手作りふとんを敷いて寝る」というふとん文化もすっかり影をひそめ、汗を吸収して重くなったふとんを日に干す風景も今では滅多に見ることはできなくなりました。そのため、ふとんは常に「安く買って使い捨てるもの」という悪習が根付き、寝具の管理や、手入れも疎かになってしまいました。季節が変わってもエアコンを頼りに、締め切った寝室で一年中同じふとんで寝起きし、一年に一回もふとんの日干しをせず、湿っぽい「万年床」の悪しき就寝環境で過ごす人が増えているのです。

それゆえ、以前の木綿の手作りふとんのように睡眠や寝具に対する強いこだわりや愛着・関心も極端に薄れ、ふとんに「関心がない・お金を掛けたくない」など、ふとんに対する無頓着・無関心・無知の人たちが増え続け、寝床環境の劣化が進んでいます。

吸湿性に劣る合繊のふとんやエアコンに依存する現代の就寝環境では、寝床内気候が寝汗で蒸れ高温多湿となり、「寝つきが悪い」「寝た気がしない」などの症状や、さらに冷えすぎや乾燥によるダメージが加わり、不眠や体調の不良を訴える人も増え続け、生活習慣病を誘発する睡眠の質的低下がとみに危惧されているのです。そればかりではなく、三十数年に渡るふとんの粗大ごみ（使い捨て）量は、毎年常にトップを占め、焼却処分による二酸化炭素の排出など環境汚染も進んでいます。さらに、木綿手作りふとん離れによる打ち直しの激減により寝具店の廃業が加速、これによりふとんリサイクルシステムが崩壊の危機に瀕しており、歴史ある手作り和布団文化の衰退に歯止めがかからなくなっています。

このようなことから本書では、なぜ今、手作りの木綿ふとんなのか、手作りの木綿ふとんに何を求めるのか、という問いを通じて、大量生産・大量消費・大量廃棄の使い捨て文化定着の中で、なぜ寝床環境の劣化が進み生活習慣病を誘発する、睡眠障害が起きているのかを考察していきます。現在におけるふとん文化の在り様が、単に経済や環境の問題にとどまらず、就寝生活文化全体に提起する問題についても見ていくことにします。

では、手作り綿ふとんの使用率はどうでありましょうか。令和2年6月に実施したｗｅｂ調査によると、平均して9・9％が綿の掛け布団を、26％が綿の敷布団を使用していることが分かりました。昭和37年（1962年）綿の手作りふとん保有率に比べて現在では、綿の掛け布団で約十分の一に、敷布団では約四分の一に激減という危機的な状況にあります。このままでは、日本から木綿ワタの手作りふとんは消えてしまうのではないかと危惧する向きもあります。ところが他方、木綿のふとん文化は現代においても十代から七十代以上の高齢者まで、しっかりと地域に根付いて生き残っており、木綿ふとんの成立する事情は際どいところでかなり複雑な様相を呈しているという現実もあります。木綿ふとん製作者の視点、木綿ふとん使用者の視点、さらに木綿ふとんの社会的領域（すなわち経済（市場）社会）の視点など、複合的視角から現代における寝床環境の問題点や課題を抽出したいと思っております。そのため、なぜ今木綿の手作りふとんなのか。本書全体の構成をあらかじめ示しておきたいと思います。

「第一章　寝具の歴史」では、「眠る」という生理的な行為は、健康や安全に強く影響する基本的な生命現象であります。こうした睡眠の質に重要な関わりのある寝床や寝具は、高温多湿の気候風土の日本において、時代ごとにさまざまな工夫や改善を加えながら変容し、今日に至っています。このような変化は、それぞれの環境条件のもとで、歴史的に形成されてきました。戦後は、木綿の手作りふとんに替わって、寝具素材の革命と言われる新たな合繊綿や羽毛・羊毛の出現によって、寝具が格段にグレードアップ、１９８０年代の寝具の歴史は羽毛ふとんとカバーリングの時代となり、寝床環境は急速に改善が進んだのです。しかし、その後、バブルの崩壊や労働の規制緩和による所得差などにより、安くて便利な合繊の使い捨てふとんで甘んじなければならない人や、積極的に利用する人などが増加し、寝床環境の劣化が進みました。そのため、「寝つきが悪い」、「寝た気がしない」など、睡眠障害を訴える人たちが増えています。本章では、史的観点から上代より現代にいたる寝床環境の変化や時代背景を概観し、睡眠障害に至る変遷をたどります。

「第二章　寝床とふとんの現状」では、近年、気密性の高い洋風建築やエアコンの普及によって、就寝環境も大きく変化しました。寝具の選び方や使用の仕方にも大きな変革が起こっています。その結果、現在は羽毛・羊毛、安くて便利な合繊ふとんなどが、寝具市場の大半を占めるようになりました。それとともに、歴史ある伝統的な木綿の手作りふとんは、衰退に限りなく拍車がかかり危機的な状況となっています。このような就寝環境における大きな変化は、床内気候や人の生理的側面から睡眠の質を妨げはしないのか、問題はないのか、問題があるとすればそれは何かを、アンケート調査をもとに、寝床とふとんの種目別使用、寝床とふとんの組み合わせ、布団類の組み合わせなどから、畳やフローリングによる寝具の使用状況を調べて、それらが生み出す満足度と問題点を洗い出してみたいと思います。

「第三章　使い捨てふとんの問題点」では、戦後の高度成長期以来、飽くなき効率追求とそれをベースにした豊かさの追求がありました。総体としては、市場メカニズムと自由競争を通して社会的厚生の最大化が実現されるという考え方が支持され、人々の生活水準は目に見えて向上しました。その結果、大量生産・大量販売・大量廃棄が常態化し、合繊のふとんなど安くて便利な「使い捨て」製品の増加や、十分使える製品まで次々と捨てて買い換えるライフスタイルが助長され、ゴミの大量発生をもたらしました。

なぜいま、使い捨てのふとんが問題なのか、その発生要因を探ると共に、使い捨てふとんを誘発した市場経済や環境問題にも触れてみたいと思います。更に、木綿手作りふとんの現状を把握すると共に、今まで機能してきたふとんの「打ち直し」、リサイクルシステムや寝具業界の衰退が、なぜ進行しているのか。その結果として、就眠環境の劣化による睡眠障害が起きているのかを考察します。

「第四章　今、なぜ木綿の手作りふとんなのか」では、アンケートの調査結果から、木綿の手作りふとん文化が示す社会的な作用に注目してみたいと思います。とくに、成長産業が優勢だと考えられている現代社会の中で、手作りの木綿ふとんなど、生産性の低い労働集約的生産の産業が、なぜ生き残らなければならないのかという点が重要であります。手作りの木綿ふとん特有の、多様性を実現する柔軟な手作りに注目する必要があります。さらに、吸湿性・弾力性・保温性などなど、木綿のワタの持つ物性が寝具に最適であること、さらに、資源を無駄にせず繰り返しリサイクルができ環境と人に優しい、低炭素社会に最適なふとんの素材であるということを検証してまいります。

# 第一章

# 寝具の歴史

# 一　上代の寝具

## 上代の敷ふとん「タタミ」

布団というと、わが国に古くから伝わっている文化・風俗とイメージする方も多いのではないでしょうか。しかし、ふとんと庶民との出会いは意外と新しく明治の中期で、僅か130年しかたっておりません。確かに、寝具らしいものは『古事記』の中に見受けることができます。

まず文献資料から『古事記』（中巻　神武天皇の条）神武天皇の歌謡

「あしはらの　密しき小屋に　須賀たたみ　いやさや敷て　わがふたり寝し」（歌謡十九）

という一文が見えます。

これは、タタミは「タタム」ことを意味し、折り返し重ねる意味でもあって、たためるもの、重ねられるものから、敷物のすべてを意味したものでもあり、これがタタミのおこりと言われています。[1]しかし、現在の畳とは違いむしろ現在の御座かうすべり・ムシロ（筵）・コモ（薦）に近い形状のものと言われています。また上古の畳の用法は、一枚だけ用いるのではなく同じ形状のものを何枚も積み重ねる、つまりたたみ上げる場面の描写が多くなっています。

このように上代（飛鳥・奈良時代）の頃のタタミは、同じ形状の敷物を幾枚か重ねさしにするものであったのです。さらにその多くは、薦（こも）を幾枚か重ね差しにするか、もしくは一枚の薦にじかに筵（むしろ）をとじつけたうえ、布か皮で縁取りをしたものであり、[2]その形状はともあれ、タタミと称されるものが上代の寝具として用いられ、それが、ほぼ現在の敷布団に当たるものであると言われています。[3]

タタミは、寝具に比重のかかった敷物で、この点王朝時代はもとより中世にも変わりはありません。ただこの間に畳の形状が変化して、中世のある時期に、今日使用されている畳とほぼ同じようなものが成立しました。畳の厚みが一挙に増した理由は、おそらく今日のタタミのように藁の床に畳表を閉じづけるという構造的な変化によるもので、大きな出来事であったと思われます。この変化については、文献も皆無に近く明らかではありませんが、『方丈記』（嵯峨本）三段に、

いはゆるおりごと、つぎ琵琶これ也。東にそへて、わらびのほどろをしき、つかなみを敷て夜の床とす。[4]

とあり、古代畳の他に「ツカナミ」といって、藁の束をならべて編んだ粗末な寝具があり、この両者が一つになって中世のタタミへと発展したのではないかと考えることができます。[5]

とは言っても、畳の上に布団を敷いた今日の寝床を想像するのは誤りです。なぜなら、今日のフトンは近世初頭にはじめて現れるものであり、また、今日のタタミのごとき製品も中世紀以後になって出現したものにすぎず、それ以前のタタミには藁床の部分はなく、ゴザかウスベリに近いものであって、しかもその畳の上にじかに寝ることが多かったからであります。[6]

## 上代の掛けふとん

掛けふとんでは、現在の掛けふとんに当たるものは何であったかというと、それは主として『古事記』・『日本書紀』・『万葉集』にみえるフスマと呼ばれるものでありました。フスマには、材質や形状を伴ってムシブスマ・タクブスマ（楮の樹皮）・アサブスマ・マドコオウブスマなどと、材質や形状を伴って呼ばれております。

まず、『古事記』（上巻）に、スセリヒメがその夫オオクニヌシノミコトにたてまつったものと記載してい

る歌謡に

八千矛の　神の命や　わがオオクニヌシ　汝こそは　男にいませば　うち廻る　島の崎々　かき廻る
磯の埼落ちず　若草の　妻持たせらめ
吾はもよ　女にしあれば　汝を置きて　夫はなし
文垣の　ふはやが下に　ムシブスマ　柔やが下に　タクブスマ　さやぐが下に　沫雪の　環かる胸を
栲綱の　白き腕　素手抱き　手抱き抜かり　真玉手　玉手さし枕き　股長に　寝をしなせ　豊御酒　献
らせ

とあって、ムシブスマと、タクブスマの名が見え、ムシブスマは蚕をムシ、真綿をムシ綿と呼ぶ用例があることを考慮に入れて絹の寝具と解する説が有力となっています。つぎにタクブスマは、楮の樹皮を原料として作ったフスマを指しています。

アサブスマは、有名な山上憶良の「貧窮問答歌」に

我を除きて　人は在らじと　誇ろへど　寒くしあらば　麻衾　引き被り　布肩衣有りのことごと　服襲へども　寒き夜すらを……

とあるように、アサブスマはもっぱら庶民の寝具（麻は冬季の保温にも不適当、染色も難しく寝具としては決して適当なものではなかった）として用いられていました。この歌の場合も、おそらく麻布を継ぎ合わせ、綴り合わせた麻衾を引きかぶり、そのほかあるだけの衣料を上に重ねて寒さを必死で防ごうとする貧民たちの就眠風俗を詠んでおります。綿を庶民の衣料や寝具に用いるようになるのは、ずっと後世のことであって、上代は無論、古代から中世にはもっぱら麻が使われておりました。[7]

さて、フスマとは、寝るときに覆う臥裳（ふすも）の儀であるというのが通説であります。このときのフスマの中綿

は、むろん今日の木綿のワタではなく真綿か、ガマノホワタを入れて、早くから保温力の大きさに工夫を凝らしつつ、夜、体を覆うものでありました。[8] また、形態について図示した最も古い史料として、『源氏物語絵巻』の「柏木」の巻と、「御法」の巻にそれぞれ一箇所あることが注目されています。それは袖と襟のついたもので、後の夜着・掻巻と同系列の寝具であることが分かります。これに対して、フスマというのは、袖や襟の無い長四角のものであったと説く解説もあり、鎌倉中期に記された『雅亮装束抄』（『雅亮装束抄』、もやひさしのてうどたつる事）に、

御ふすまは、紅のうちにたるにてくびなし、ながさ八尺、又八の（幅）か五のゝ物なり、くびのかたには、紅のねりいとを、ふとらかによりて、二筋ならべてよこさまに三はりさしをぬふなり、それをくびとしるべし、おもてこあをひのあや、うらひとへもんなり、

と具体的に説明を加えています。このような四角四方のフスマを製作し、使用する例が長く存続したとも解されております。[9]

## 二　中世の寝具

### タタミの普及と寝具としてのネムシロ

鎌倉時代には、寝殿造りの縮小または矮小化という方向で徐々に住宅にも変化が生じるようになりました。その第一は固定された間仕切りの成立であって、小部屋が徐々にではありますが、出来てくるようになりました。そのような住宅の在り方は、『西行物語絵巻』や『法然上人絵伝』などによって知ることができます。見逃せないのは、鎌倉時代の末、つまり十三世紀の終わり頃から十四世紀の初頭にかけて、このような小部

屋で、まずタタミを敷き詰めることが行われるようになったということです。

小部屋の成立と、その部屋にタタミを敷き詰めることは、まず寝室において始まったのではないかと思われます。以前は坐るとき、寝るときだけ、その場に置かれたタタミが、常に敷き詰められるようになると、以前の板の間の生活と違って、もはやタタミを寝具と考えられなくなったのは当然の成り行きで、そこでここに登場してくるのが、ネムシロないしはネゴザであって、人々は畳の上にネゴザを敷いて寝るようになりました。『春日権現霊験記』（１３０９年・口絵⑯）。

その後、現在の和風建築の祖型である書院造（ほぼ足利義政の時代にかたちを整えつつあった）住宅が成立してくるに伴い、畳みの上にネムシロを敷いて寝ることが一般化しました。

義政晩年の頃の、幕府政所執事を務めた伊勢貞陸の『嫁入記』には

一、むしろの事、二枚たるべし（下略）

一、むしろしく事は、のぶると申なり。くきやぅは、女房のをばまづしき候て、そののち、おとこ方のをのぶる也（中略）、たたむ時は、おとこがたよりたたむなり。

とあります。このように、トップクラスにおける新郎新婦の寝床もムシロでありました。宮廷貴族でさえ、平安時代から鎌倉時代の中頃まで、四百年以上もの間、タタミが寝具であったのです。そして、中世においては、鎌倉の中頃過ぎから桃山時代に至るまでの四百年間、上層階級にあっても、ムシロがタタミに代わる寝具でした。[10]

## ふとんの出現「坐禅の具としてのふとん」

中世における寝具史上の大きな出来事は、フトン（蒲団）の出現とその普及という現象であります。しか

し、このフトンなるものは禅僧が使う円形の坐蒲団で、蒲を材料にした敷物でありました。蒲団という言葉が日本の文献に見える最古の資料は『正法眼蔵』（第十一・坐禅儀）で、それには

坐禅のとき、袈裟を欠くべし、蒲団をしくべし、蒲団は全跏にしくにはあらず、跏趺の半ばよりはうしろにしくなり、しかあれば、累足のしたは坐蓐にあたれり、背骨のしたには蒲団にてあるなり、これ佛々祖々の坐禅のとき坐する法なり。

とあるのがそれで、蒲団は禅宗と共に坐禅の具として伝来したものでした。径一尺二寸、囲三尺六寸の円形のもので、坐禅の時臀部の下にのみ敷くものであったのです。

以上の例から、「蒲団」は禅宗に出づるところの、いわば坐蒲団であって、今日いう寝具のフトンではないことが分かります。したがって、鎌倉・室町時代（1192〜1467）の文献に見る「蒲団」の用例は、すべて坐具を表しております。

しかし、後世のフトンの出発点は、なんといってもこの坐禅の具であるフトンにあることは疑いがなく、フトンは禅僧文化の影響を受けた一つと言えるのです。[11]

ただ、寝具のフトンが成立した時期であっても、フトンと言えば敷布団を指しており、けっして掛けブトンのことではなかったことは、そもそもふとんが坐禅の折の敷物であったことによるからです。[12]

# 三　近世の寝具

## フスマ（衾）から夜着（掻巻）へ

奈良・平安・鎌倉を通じて、上がけの夜具を「衾」と呼んでいましたが、室町時代の中頃から「衾」に代

わる語として「夜着」の称が現れます。最初は「衾」・「夜着」が併用されていましたが、やがて江戸時代中期までには「衾」の称はすたれて、夜着が一般化してきました。

では、いつの頃から「夜着」なる語が現れたのでしょうか。夜着の出現は永禄年間（1558～1569）まで下だりますが、それ以前にフスマの語の使用がだんだん少なくなり、「宿直物」、「夜の衣」、「夜のもの」などの名が一般に用いられるようになりました。つまり、上がけ夜具における、衾から夜具への呼称の以降の裏には、住宅における間仕切りの成立と共に、建具の襖が一般化してきたことがあると推測されています。衾と襖は字が違っていても、ことばのうえではフスマであり、今日襖と言えば建具のことをさしますが、本来、襖は衾と同じく、裏のついた大ぶりな衣服のことでありました。

衾という語の意味は、もともと身体の周りを覆うもの、囲むものという意味があったのではないかと思われます。ならば、平安時代に障子と言われていた建具が、中世に至って襖と呼ばれるようになったか。それは、部屋の周りを包むものに他ならなかったからであると言われています。このように、衾から夜着への呼称の変化の裏には、建具としての襖の成立があり、同じフスマという言葉の紛らわしさから、やがて夜着なる語が誕生し、定着していったと推測されています。[13]

## 夜着は木綿で作られた

この夜着は形の上からは、以前の衾と何ら異なるところはなく、エリ・ソデのついたもので、現在の掻巻風のものであります。これは平安時代から京都を中心とする畿内地方に一般的なものでしたが、江戸時代の中ごろ以降、関東地方にのみ残っています。弘安6年（1283）にできた『抄石集』という仏教説話を集めた本の中に、「御小袖ヲ……カイマキテ」（巻八・第一話）の、夜着の使用の仕方をみても、エリ・ソデのあるものをきちんと着ずに、ただ覆って寝ることから、後世になってエリ・ソデのある夜着を掻巻というようになったのであろうと思われています。

夜着という言葉は、奈良興福寺の子院である多聞院の日記の中に、永禄10年（1567）6月7日の条には、

法隆寺へ道具遣之、一ヌリヒツ一カ　一ヘりサシ一帖　一ハントウ一、内ニハ釜以下入　一、大皮子一、内ニ夜著ノワタ、火鉢ノタキ以下（下略）

とあり、綿の入った上がけ夜着や木綿地が麻や絹に代わって利用されるようになりました。しかし、夏季にあっては木綿の語を見出すことはできず、まず木綿は寒気の衣料として用いられてきた事実も明らかになりました。

かくして、木綿は永禄年間（1558～1569）の頃には上がけの夜具たる夜着の上に進出してきたのです。そのころなお下敷きの夜具はムシロであり、まれに毛皮やしとね（布を縫い合わせた敷物）をもちいることはあっても、ふとんはまだ出現しておりませんでした。木綿のワタをふんだんに使用する布団が成立するためには、さらに木綿栽培の普及増産が行われねばならなかったのです。[14]

## 寝具としてのフトンの出現「敷ブスマ」

永禄（1558～1569）の頃になると、敷フスマなる語が散見されるようになります。さらに、『多聞院日記』天正11年12月19日の条には、

夜物ノウラ補修、シキフスマモンメンニテ申付之

とあって、これをもってふとんの出現とみなす説もありますが、しかし、これは木綿地で作らせたという

ことで、作った木綿のワタを用いたふとんのことではありません。しかし、やがて、天正20年（1592）、件の『多聞院日記』3月28日の条に、

千松、夜寒之由申問、フトンを遣了。

という記事が現れます。このフトンは、もはや坐禅の具ではなくて、寝具のフトンであると認めなければなりません。そして、慶長6年（1601）には、『鹿苑日録』5月14日の条に

臥具之綿子ヲ持遣ナリ

という記事がありますが、木綿ワタの入った夜具の存在を明らかに示す記事は、これが最初であります。しかし、この史料のみでただちに敷布団であるとは性急に判断はできません。

江戸時代初期の寛永頃（1624〜1644）になると、フトンの用例はにわかに豊富になります。その顕著な例として、寛永三筆の一人とうたわれた松花堂昭乗（しょうかどうしょうじょう）僧侶の『財産目録』を紹介すると、「滝本坊道具（たきもとぼうどうぐ）」として、夜物覚、ふとん、かやがあり、ふとんでは

一、とんすノあかうら　壱ツ
一、むらさきのはふたへ　壱ツ
一、筋とんすぅらむらさき　一ッ
一、筋とんすぅらむらさき　一ッ良学ニ遺物
一、ねるぎとんすノぅらむらさき　壱ツ正圓ニ遺
一、こたいふとん　壱ツ
一、もめんふとん　七ッ
一、むらさきノぅらあさきねまき　一ッ京

とあります。これらの寝具に使われたワタのことは、直接これらの史料には記されてはいませんが、当時日本の各地で生産の進んでいた木綿のワタが主力になっていたことは容易に想像がつきます。それのみでなく、国内綿の生産進行と、「夜着」「フトン」の用語の出現する有り様とは、時期的にほぼ一致しています。それればかりではなく、「夜着」「フトン」なる新しい寝具の名称と、木綿という新しい素材との間にも密接な需給関係があるのではないかという推察を裏づけるものになっています。[15]

## 夜着・フトンと木綿の栽培

「夜着」「フトン」の用語出現と、国内木綿栽培の進行とは時期が重なる部分が多くなっています。それでは、木綿という新しい寝具素材との間には密接な需給関係があるのでしょうか。初めて我が国に木綿の種がもたらされたのは、平安の初期（799）で、紀伊・淡路・四国・九州など温暖な地域で栽培させたことが分かっています。しかし、日本の気候風土に合わずやがて絶えてしまいました。

次いで栽培の行われたのは室町末期の戦国時代のことで、三河地方で再栽培が軌道に乗ったのは明応年間（1492〜1500）のことと言われています。十六世紀の初頭には、三河の木綿は奈良の市場に送られて販売され、永禄の初め（1558〜1569）には三河の商人が「きわた」「みわた」などを京都へ持ち込んでいることは『言継郷記』にも記されております。

このように、木綿の栽培が成功いたしますと、たちまち日本各地に拡散されることになりました。それは日常の衣類としてよりも、武具や陣幕・旗指物といった軍需品はもちろん火縄の材料として需要が高かったからです。ところがそれと裏腹に、織田信長・豊臣秀吉・徳川家康を経て戦国の争乱は終息に向かうと同時に、それは同時に、木綿の供給が軍需より民需へと移り変わるプロセスでもありました。

松花堂昭乗の『財産目録』は、慶長5年（1600）関ヶ原合戦後、男山八幡宮本坊の住職となった寛永4年（1627）後のことでありますから、戦国の残影もすでに消え失せた時代であります。つまり、木綿が日常生活の中に全面的に流入する時代となったことを意味しています。「夜着・フトン」という、これまでになかった寝具は、この木綿を主たる材料として成立したというのも謂れのないことではないのです。[16]

## 夜着・フトンの流行

「夜着・フトン」という、中世以前にはなかった寝具の名称が現れたのは十六世紀の後半であり、それが上方で一般化し始めたのは十七世紀前半のことです。具体的な史料としては、『多聞院日記』や松花堂昭乗の『財産目録』があります。しかし、松花堂昭乗とほぼ同時期に生きた本阿弥光悦について記した『本阿弥光悦行状記』には

> 光悦は八十歳にて死せり、病中板倉殿御父子度々お見舞なされしに、これも木綿の夜着フトンに臥して居けるを御覧、御感心なされし也。

と「夜着・フトン」の語を使っており、光悦が木綿の夜着・蒲団を用いていたことは史料として重要な意味を持っています。

このように、興福寺の多聞院や男山八幡宮の滝本坊、松花堂・光悦のなど芸術村のあった鷹ケ峯など、これら「夜着・フトン」の史料にまつわるものがすべて上方であることは、これらがまず上方で出現したことを裏書きしているといえるでしょう。

では、このようにして寝具史上に姿を現した「夜着・フトン」は、歴史の潮流に乗って広く世間に受け入れられたかというとそうではないようです。

たとえば、江戸時代の初期、慶長（1615）頃から天和（1684）頃までの庶民文学、仮名草紙をあたってみても、用いられているのは寝ウスベリ、ネゴザ、ネムシロなど旧態依然たる寝具語ばかりが並んでいます。

ところが、浮世草紙になると「夜着・フトン」はもう寝具の筆頭として扱われています。井原西鶴の『好色一代男』には、

よこ嶋のもめん蒲団に、梅檀の丸木引切　……（巻二「はにふの寝道具」）

更過ぎて床とるにも、三ッ蒲団・替え夜着……（巻七「新橋の夕暮・嶋原の曙」）

とありますから、『好色一代男』を書いた天和2年（1682）の頃には、少なくとも夜着やフトンの名が一般庶民にも親しみ深いものとなっており、特に遊郭にも浸透して、はやくも「三ツ蒲団」なる名称が現れていることが注目されています。また、西鶴の『武家義理物語』「元禄元年（1688）」刊には夜着の形態に及んだ語句までが見られるようになっています。

金銀大分宅はへしを、荷物の数々にわけ入置きしに、やとひ人肩を揃えて道急ぎ氏に、松原通因旛櫛の前にて、暫く休しが、此銀夜着の曽手りぬけ落ちて……

とあり、初めて夜着というものが袖のついた寝具であることが明記されています。元禄以後には上掛け夜具の一般的名称となり、木綿が多く使われたに相違ありません。

また、現在用いられているカイマキ（掻巻ふとん）は、その延長と理解できるのです。[17]

## フトンを着て寝る

ふとん着て　寐たる姿や　東山

これは、芭蕉の古参の弟子、服部嵐雪（1688~1703）の作品でありますが、「ふとん着て」という表現に、当時としては斬新な響きがあったとみるべきでしょう。

近世に寝具としてのフトンが出現して以来、フトンは敷布団に限られ、カケフトンはいまだに現れてはこなかったのです。「夜着・蒲団」と対で呼ばれ、夜着は上掛けの夜具、蒲団は敷夜具と決まっていました。そうした一般の常識を破ったのがこの句の特色であったのです。

このような背景には、フトンを着て寝るという風俗が生まれつつあったと解すべきで、これを裏付ける文章として、芭蕉の終焉を書き綴った『花屋日記』の元禄7年（1694）10月11日のところにこのような文章を見ることができます。

惟然は前夜正秀と二人にて、一ッの蒲団をひっぱりて被りしん、かなたへひき、こなたへひきて、終夜寝いらざりければ、はてはしらはてはしらと夜明けるにぞ、其事を互いに笑ひあいて

ひっぱりて蒲団に寒きわらひ哉　惟然。

とあり、一ツ蒲団を被って寝たのであるから、これはシキブトンでなく、カケフトンと考えられています。この記事は大阪での出来事とみられることから、元禄7年（1694）には、一方で夜着・蒲団の風俗が関西から関東まで普及する傾向にあった半面、京坂の地ではすでにカケフトンが現れつつあったとみることができるのです。

また、天保8年から嘉永6年（1837~1853）にわたって書かれた『守貞漫稿』には、カケフトンのことを「大布団」として「敷布団」と区別する呼び名のあったことが示されています。[18]

今世夜着ヲ用フ、大略遠州以東ノミ、三河以西京阪ハ襟袖アル夜着ト云物ヲ用ヒズ、然ドモ昔ハ京阪モ用レ之歟、元文等ノ古画ニ有レ之、今は下ニ三幅ノ布団ヲクキ、上ニ五幅ノ布団ヲ着ス、寒風ニハ五幅布団ヲ

重ネ着ス。

と記されております。これによれば、元文（1736～1740）頃まで京阪にも夜着を使う習慣が残っていたが、後は全く五幅のカケブトンに取って代わられています。その兆しは、すでに元禄の頃にありました。なお、『守貞漫稿』には、カケブトンのことを「大布団」として、三幅の「敷布団」と区別する呼び名があったことが記されているのです。

上ニ着ルヲ大布団ト云也。……遠州以東江戸ハ大布団ヲ用フハ稀ニテ夜着ヲ用フ也。……京阪ノ大蒲団、江戸ノ蒲団夜着トモニ純子以下用フ也。……大蒲団、敷布団トモニ図（四十一図）ノ如ク表小、裡大ニ裁テ額仕立ヲ専トス。

この大布団が額仕立て（鏡仕立て）「五幅ノ布団」に当たるものであったのです。[19]

## 夜着・蒲団に縁のない庶民

木綿の国内生産が軌道に乗り、普及するのとほぼ時を同じくして、近世初期に「夜着・蒲団」更に京坂では「大蒲団」といった綿入りの夜具が用いられるようになっていました。

しかし、だからといって、国内の各家庭にこのような寝具が浸透していったわけではありません。なぜなら、それはまだ大変高価なもので、とても庶民の手の届くような代物ではなかったのです。渡辺崋山の書いた『退役願書』の文中に

……私母近来迄、夜中寝候に、蒲団と申すもの、夜着と申もの引かけ候を見及ビ不レ申サ、やぶれ畳の上にごろ寝仕リ、冬は炬燵にふせり申候。

とあり、夏は破れタタミの上にごろ寝し、冬は炬燵にふせって寒さをしのいだというのですから、一般庶

民の就寝生活は、ほぼ推察できるのです。崋山は想像を超えた極貧の生活を送っていますが、貧民の出身でもないのです。南画の名手で一流の文化人であるとともに、本職は三河の国田原藩士でもあったのです。

また、江戸の市中においても天徳寺と呼ばれる紙の寝具が用いられていました。『守貞漫稿』には、夜着・蒲団に縁のない江戸の困民や武家の奴僕たちは、夏に使った紙帳（紙の蚊帳）に、藁の穂の芯などを入れて周りを縫い、衾に仕立てて売り出された天徳寺を買って布団代わりに寒風を凌いでいました。また、農村部においても

天保6年（1835）の『北越雪譜』に、

「秋山の人はすべて冬も着るままにて臥す。かつて寝具というものなし、冬は終夜炉中に大火をたき、その傍に眠る。甚寒にいたれば他所より藁を求めて、作り置きたるカマスに入り寝る。」

と特に寝具というものがなかった貧しい村落の生活を記しています。[20]

また、菅江真澄の紀行（1789）によると、秋田では海藻を編んで寝具にして寒風を防ぐ風俗がありました。長尾宏也『山郷風物詩』では、部屋の一隅を仕切り、そこに藁を敷き詰めて、そのなかにもぐりこむという長野県の風俗も残されています。

日本人の大半が各自自分のフトンを所有するようになったのは、近代、それも比較的廉価な外綿の入ってきた明治中期より以降のこととなっています。[21]

## 四　近代の寝具（国民生活から見た変遷）

### 明治の改革と寝具

近世初頭に誕生した蒲団は、江戸では夜着・蒲団、上方では大蒲団・敷布団と、形の違いによる二形式に分かれたまま、江戸と上方それぞれの伝統を形作りつつ、緩慢ながらも利用層を広げていったのが、江戸中期から後期にわたっての大勢でありました。

保守的消極的で、何事も封建的な絆につながれた、いわば後ろ向きの歩みを余儀なくされた徳川三百年、幕末の開港期から明治初頭の文明開化の嵐の中でも、日本の寝具史は遅々として進まず、進展のないまま眠り続けていたのです。

政治的経済的な変革はもとより、風俗上の改革においても「断髪令」などの目覚ましいものがありましたが、その反面、日本人の基本的な住居形式はほとんど変わることはなかったのです。もちろん、玄関や床の間をはじめとする、内の格式にかかわりのあった約束が、封建的な拘束から解放されたことは、一つの革新ではありましたが、その結果は、それまで抑圧を加えられていた一般民衆が、支配者階級の玄関や床の間などを模倣し、一般化させるなどの逆行現象を生みました。こうして、明治から大正初期にかけての日本人の生活様式は、表に見える接客部が発達した半面、台所や寝室（納戸）という住居部分がなおざりにされた。いわば見せかけだけの文明開化の実情をさらけ出したのです。

近世初頭に寝具のフトンが出現し、寝具の上に改良と工夫を加えられたからといって、住居部分に対する認識が変わったわけではないのです。蒲団が日の当たる場所に据えられるということは、嫁入りの風俗を除いて、日本の生活史ではまずありえないことでした。そうした背景のあるところで、明治20年代に入ると、安いインド綿が大量に輸入され、国内の綿生産は次第に低下しました。こうした原料の大幅なコストダウンが、庶民にとっては高嶺の花にすぎなかった夜着・蒲団が、明治中期以降になって初めて、徐々にではありますが、綿蒲団が一般庶民へ普及していくようになったのです。[22]

しかし、寝室に充てられる空間は、窓もなく、風通しにも恵まれない、文字通り日の当たらない従来のままの様子でありました。そこに、従来のネムシロや天徳寺に代わって、吸湿性の高い綿蒲団が持ち込まれ、敷きっぱなしにされたため、万年床という甚だ不衛生な寝具風俗があったのも故なきことではなかったのです。そのため、かえって日本人の就寝環境は悪化していきました。[23]

しかし、明治の後半から大正にわたって、部屋の多角的使用を目的としたアイディアに導かれ、「押入れ」が出現することになります。それもはじめは作り付けでなく、フトン箪笥のような家具が、いつしか固定化したと考えられています。この普及により、綿蒲団の収納場所が固定化し、夜が来ると「畳の上にフトンを敷いて寝る」という日本人の就寝風俗が、ようやくにして成立しました。

## 大正から第二次世界大戦終結までの庶民の寝具

大正3年（1914）7月に第一次世界大戦が始まり、日本も8月にドイツに宣戦布告をしました。この対戦は、主戦国が西欧諸国であったため、日本産業は俄然活況を呈し、国際収支は好調を辿り、国民生活は一転して充実し、綿蒲団などの寝具生活も改善への道が開けてきたのであります。しかし、その間の国内の転変にはすこぶる激しいものがあり、大正7年（1918）には飢饉に伴う米騒動が勃発、同12年の関東大震災、また、先の大戦による経済膨張が裏目に出て、金融業界の大恐慌などが打ち続き、昭和４年

（1929）の世界大恐慌までなしくずしの不況が続いたのであります。他面、国民の生活水準はぐんと伸び、昭和5年頃から国内経済も安定し、寝具生活も安定的進展を辿ことになりました。

昭和11年頃に入ると、衛生思想がとみに普及し、大抵の家庭では、蒲団に必ずシーツを掛けるなど、寝具管理も衛生生活も順調に一般化し、近代化の装いを呈しました。[24] しかし、瀬川清子著『きもの再版　藁と綿、藁のふとん』によると、東北地方などの貧しい村落では、昭和9年調査当時、まだ昔と変わらずわら布団（麻などの袋に藁を詰めたもの）やアマモなどの海藻を詰めた布団を使っていたとの報告があり、[25] 全国的に綿蒲団が普及するまでには、かなり長い年月が必要であったことを物語っています。

昭和12年（1937）に入ると、こうした平和な生活も、長く続くことはありませんでした。日中戦争の拡大に伴い、政府は自由経済から戦時統制経済に移行、13年4月には国家総動員法が制定されました。6月には綿製品の製造、加工販売を極端に制限する「禁綿法令」が突然発令、業界市場とも大混乱になりました。民間向けの綿製品取引は一切禁止され、新聞は「綿製品よさらば」となげき、国民生活に耐乏を強いるものであったのです。

昭和14年9月、第二次世界大戦の幕が切って落とされると、戦局の拡大とともに15年7月「七・七禁止令」、16年夏「繊維製品配給機構整備要綱」が通達され、物不足による管理配給は年を追って厳しくなっていきました。純綿は高級品の代名詞になり、オール人絹・スフの代替品、綿は古布再生の黒綿などという苦しい時代を経て終戦を迎えたのです。[26]

戦後の混乱期においては、物不足や飢餓など、困窮した生活により、就寝環境は極端に悪化し、国民は「純綿」に対する郷愁を訴える時代でもあったのです。昭和26年（1951）サンフランシスコ講和条約締結と統制諸規則の解除によって自由経済社会に移行、戦後の復興とも相俟って、就寝環境も著しく改善されることになりました。

## 五　現代の寝具

### （一）　高度成長と寝具革命

戦中戦後に実施された統制規則によって束縛された生活も、昭和26年（1951）サンフランシスコ講和条約締結と統制諸規則の解除によって全くの自由経済社会に移行し、その頃より高度経済成長と相俟って生活スタイルの洋風化が進展し、新しい時代の生活へと徐々に転ずるようになりました。こうした中、日本の寝具史は再び大きな変革期に直面することとなります。そして、その現象はまず寝具の素材中では綿から動き始め、合繊掛けふとんの誕生となりました。

#### 合繊掛けふとん

最初は化繊ワタ、次いで合繊ワタと開発が進み、従来の木綿の掛け布団の中ワタに代えて使用する試みが突破口でありました。その綿はポリエステル素材で、綿の約半分の軽さで、豊かな弾力性があり保温性が高いこと、手ごろな価格であることから一気に普及。寝具の中綿の主流となっていきました。合成繊維は軽量で、埃を吸わず、また埃を立てない、木綿のワタに比べ吸湿性や保温性では見劣りするものの、弾力性があり木綿ワタのように定期的な打ち直しをするという必要がほとんどないという利点があり、日に干す機会の少ない家庭や一人暮らし、高齢の方には適した中綿で、一気に普及する条件がそろっていました。[27]

一方、これらのワタを包む布団の「側」についても、また、従来の青梅夜具地や甲州八端に代わって、洋風のブロケード織でナイロン・ポリエステル・アクリルなど、開発された新繊維が使われるようになりました。それらは絹のような肌触りと木綿よりも高い強靱性を特色としていました。と同時に、それは織布の当初から、ふとんの寸法に合わせて生産することもでき、キルティング加工によって側と中綿を定着させる、綿の掛けふとんとは全く違う方法がとられたのです。この新製品は、従来の「呉服柄」を図案化したフトンと区別するため、洋ふとん・洋式掛ふとんの名で呼ばれるようになりました。この名称が与えられた理由は、その素材面の変革と共に、そのデザインの著しい変様のためであったのです。[28]

## 敷ふとん（合成ゴム）

従来の綿敷布団に代わるものとして、昭和25～26年頃、合成ゴムのマットレス、またはフォームラバーという名称で、合繊綿の掛けふとんに先行して発売されました。この新製品は弾性復元力に優れており、したがって打ち直しはもとより、日に干す必要がないという利点がありました。しかし使用の結果は、かえってフワフワで体が沈み寝疲れするという反省があり改良が進んでいます。[29]現在は、低反発やムアツタイプ、羊毛とウレタンの三層敷布団など種類も豊富で、電気を使った健康敷布団など機能性の高いものもあります。

## 羽毛

天然素材の中綿・羽毛ふとんが普及の基盤を確立したのは、贅沢品に掛けられる40％の物品税が廃止された昭和44年（１９６９）のことであります。当時、羽毛ふとんは高価なため一般庶民には「高嶺の花」で普及は遅々として進まなかったのですが、１９８０年代に入ると、折からの健康志向・本物志向のブームを受けて、羽毛ふとんや羊毛ふとんの国内生産が盛んになりました。軽くて暖かいダウンベストやジャケットの大ブームが羽毛ふとんを身近なものとして認識されたということもあったのです。

羽毛ふとんはかけ布団に求められる機能、つまり保温性・透湿性・ボディカバーリング性などのすべての条件を充たし、かつ日に干す回数が少なくて済むというメンテナンスが楽な点で消費者に受け入れられました。このことは一方で、ふとんを選ぶ際の購買決定要素の優先順位を、従来の「色・柄」から、「機能と品質」を最優先させることへと大きく変化させたのです[30]。現在、かけ布団の理想の中綿と言われているのが水鳥から取れる羽毛で、外気の変化に合わせて自動的に収縮、膨張、吸湿、発散、撥水作用を行う特性があるからです。その素晴らしい特性がそのまま羽毛ふとんに生かされており、羽毛ふとんが冬暖かく、夏爽やかなのはこのためであります。主に鵞鳥、カモ、アヒルから採取しています。

羽毛ふとんは、軽い・しなやか・コンパクトに収納できる・手入れの手間がかからないことから、快適睡眠のための最高級の素材として広く知られるようになっています。しかし、昭和59年（１９８４）を境に羽毛ふとんは劇的に普及いたしましたが、その裏で無店舗販売の価格破壊による粗悪品や、品質の偽装など多くの問題を生じることにもなりました[31]。

## 羊毛

羊毛が日本で掛けふとんや敷ふとんの中綿として一般的に使われ始めたのは、昭和55年（１９８０）頃のことであります。羊毛はウロコ状の繊維から出来ていて、暖かく、吸湿性・放湿性・弾力性に富み、吸湿性は木綿の2倍、ポリエステルの37倍にもなっています。放熱性にも優れ、爽やかな肌触りと快いクッション性が人気を集めています。

羊毛には、外部の湿度に応じて水分を吸収・放出するスケールというウロコ状の表皮と、伸ばしてもすぐ元に戻ろうとするクリンプという独特の縮れがあり、これらが羊毛の素晴らしい特徴を生み出しています。また、かけ布団にはソフトやドレープ性を高めるためにウールの中でも最高級と言われる「ファインメリノ」をブレンドしたり、「キャメル」を混ぜたりする工夫も行われています。敷布団には特に弾力のあるニュージーランドの「サウスダゥン」、フランスの「ベリジョン」など、スプリング性とコシの強さで定評がある羊毛を使用しています。[32]

## シーツから既製ふとんカバーの生産

寝具生活における衛生問題が、社会問題になり明治30年地方警察令を以て、多人数宿泊する旅館業においては、寝具には必ず「覆布」を使用し、清潔を保つ命令が出るようになりました。それ以来、生活改善運動などによる衛生思想の発達と相俟って、明治の後半から家庭においても掛けふとんには白のカバーを縫いつける、敷ふとんにはシーツを使用する形式が生まれました。[33]

その後、一般家庭で広くシーツが普及し、敷ふとんには必ずシーツをかけるのが習慣となるのは、昭和年代に入ってからのことであります。昭和10年（１９３５）には敷布生産が高まり経営も好転しましたが、昭和12年（１９３７）以降戦況の悪化から綿の輸入が難しくなり、人絹やスフの敷布、次には縦糸に紙糸を使用するといった変遷がありました。[34]

戦後に、寝具メーカーがふとんの汚れを防止するため、ふとんにすっぽり被せるタイプの掛けふとんカバーや敷ふとんカバーの既製品を、本格的に生産を開始したのは１９６０（昭和35）年頃からでした。かけ布団カバーは、最初は「テレビ型」にて始まりましたが、綺麗なふとんの柄が隠れるという理由で、その後本紗とかゴースなど、ネット状のものを付ける工夫がなされるようになりました。敷布団カバーは最初からすっぽり型タイプのものもありましたが、出し入れが面倒という理由で敬遠され、パリっと糊のきいた白のシーツが支持されるようになりました。[35]

### 消費行動の変容とカバーリングの登場

１９７０年代の二度のオイルショックを経て、それ以降、これまでの大量生産・大量消費時代が変化し、それに伴い消費者意識も変容しました。これまでのモノに拘る「消費は美徳」とする賛美的消費価値観から「節約は美徳」とする消費風土が生まれたのです。

すなわち、１９８０年代に入ると、消費者のモノへの受動的ニーズから消費者の主体的価値観に基づく物的所有や使用価値に重点を置く消費行動に移り、デザイン・カラー・サイズ・ブランドなど商品の持つ意味を重視する消費行動が見られるようになりました。これは、大量生産・大量消費に象徴される同質的成熟消費社会が終焉したことを意味しています。

１９７０年代から寝具にもファッション化の波が押し寄せ、ブランド品が多数市場に導入されるようになりました。１９８０年代も後半になると、バブル景気に後押しされてファッション業界に強烈な個性をアピールするＤＣブランド（森英恵、ニコル・アーノルドパーマーなど）が登場したのです。このＤＣブランドは寝具業界でも様々な消費者のニーズに応えています。このファッション性の担い手が《カバーリング》でした。カバーの持つ、汚れを防ぐという「機能」からファッション性の高い「デザイン」を選ぶ手段

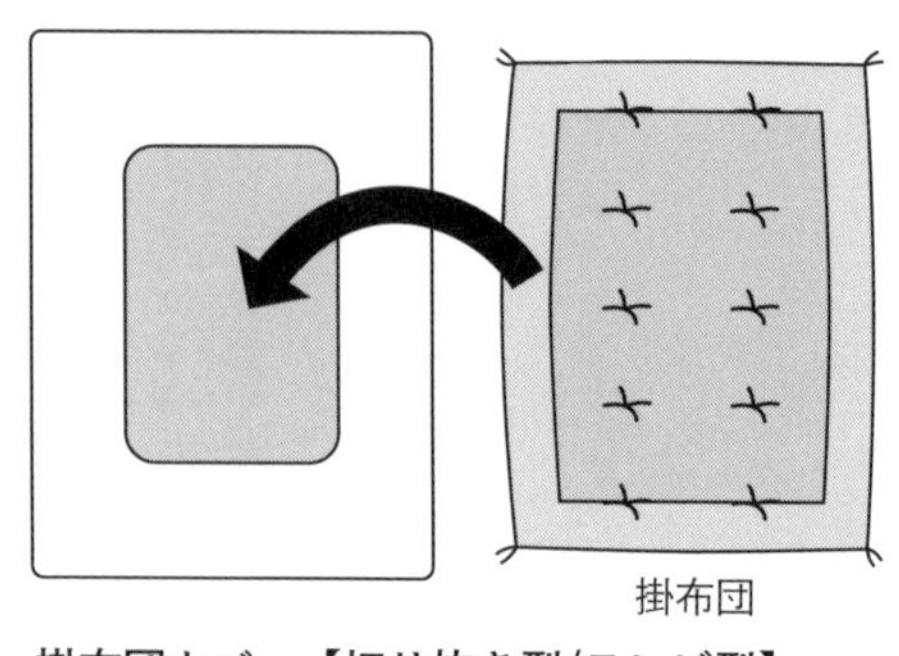


**掛布団カバー【切り抜き型/テレビ型】**
旅館などで使用されているカバーです。中央が切り抜かれているので、脱着に手間がかからず、布団の出し入れが簡単です。

としてカバーリングが認知されるようになったのです。

この二つの流れは、寝具の選択基準に大きな変化をもたらしました。今までの布団の柄を少しでも多く見せようとすることから、全く違った発想で、従来からの敷布団カバーのように、すっぽりカバーで包んでしまおうという発想です。

そのカバー全体にファッショナブルな柄をプリントすることにより、掛けふとんと敷布団、枕に至るまでが同じ柄で包まれ、カバーを替えるたびに新しい布団を一式買ったのと同じ気分になれるのです。しかも選択が楽にできて衛生的なので、今までの不満を一気に解消できました。色柄やデザインはブランド品の豊富なカバーリングで選び、ふとんは機能性を重視して、かけ布団は羽毛ふとんが最近の寝具選びの定石になりつつあります。むしろ羽毛ふとんは、ふとんとしてより「中芯」として考え、色や柄がカバーにうつらないように、白や無地カラーが多くなっています。言い換えると80年代の寝具の歴史は羽毛ふとんとカバーリングの時代と言っても過言ではないのです。[36]

## 高品質化・高付加価値の時代へ「温熱健康敷ふとん」

長寿社会の日本で、健康のために七十歳を過ぎても元気に働く高齢者も多くなり、健康で快適な生活をいっそう望むようになりました。そこで健康・治療促進寝具がいま消費者から支持を集めるようになっています。それは寝具が単に寝る道具としてではなく医学的な分野からメスが入れられ始めたからであります。

このような流れは、昭和63年（１９８８）に入ると顕著になり、寝具としての機能に治療器としての性能を組み合わせた「保温用温熱固綿入り羊毛敷布団」が発売されるようになりました。スイッチ一つで、炭素ヒーターによる「温熱治療」と血液を酸性から弱アルカリにする「電位療法」のふたつの医療効果を期待することができ、疲労回復や肩こり、不眠症や慢性便秘などに効果効能があるため、高額の難点はありましたが現役で働く高齢者の支持を集めるようになったのです。[37]

さらに、90年代に入ると従来のファッション性だけでなく、品質や機能面を充実しようとする動きが出てくるようになりました。特に最近の傾向としては、「肌触りの心地よいもの」に関心が高まり、夏場ではひんやり感のあるものや汗を早く吸収して、常にサラサラの快適でいられる素材に人気が集まっています。

一方では「機能性」の充実を望む声が高まり、抗菌防臭や防虫（ダニ）などの機能商品へのニーズが高まり、寝具業界でも盛んに開発が進んでいます。[38]

## （二）バブルの崩壊と使い捨てのふとん

### ふとんの価格破壊

１９７０年代後半から80年代前半になると、日本からアメリカへの製品輸出の急増によって、日米間の貿易摩擦が深刻化、１９８５年のプラザ合意によって1ドル２４０円だった為替レートは、一年後には１２０円まで円高になりました。その結果、日本は急速に国際競争力を失い円高不況に陥りました。円高の影響を回避するために、工場を労働力の安い中国に移し現地生産を進めた結果、羽毛や合織ふとんの大量生産体制が構築され逆輸入が開始されるようになりました。

しかし、海外で大量に生産した羽毛や合織ふとんを日本国内で消化するためには、従来の伝統的な流通チャネルだけでは、もはや適応できなくなっていましたが、それを担ったのが無店舗販売でした。１９７０年代には、寝装専門店の半分にすぎなかった通販の売上高は、羽毛や合織ふとん製品を対象にして１９８４

年には寝装専門店のチャネルを抑えて第一位のチャネルとなったのです。[39] このチャネルの変化が、消費者の底流に流れている低価格への願望「節約は美徳」とする消費行動と一体化して、あらたな「価格破壊」と「流通革命」をもたらすことになりました。

その結果、増加傾向をたどってきた羽毛・羽根の販売枚数は、86年以降、一層急激な増加を見せましたが、販売額は僅かしか増加しなかったのです。それは、羽毛やふとんの単価が急激に下がり通販による「価格破壊」が進んだからでした。[40]

その背景には、羽毛の場合産地だけでなく、ダウン率や、鳥の種類偽装までが横行する、以前から続いている無店舗販売の悪しき商習慣が露呈したことがありました。[41]

## 粗悪品「使い捨てのふとん」の激増

1990年2月に株価が暴落しバブル経済が崩壊すると、企業はリストラと海外生産・海外進出によって不況乗り切りを図る一方、国内の需要喚起に躍起になっていました。しかし、1993年以降、長引く国内景気の低迷、就職の氷河期と言われた若者の就職難やリストラ、金融破たんが勃発。2004年以降になると、生活保護以下の生活を強いられるワーキングプアが社会問題となるようになりました。さらに、2008年9月には、リーマン・ブラザーズ・ホールディングスが経営破綻し、連鎖的に世界規模での金融危機が発生しました。その結果、失われた二十年と言われるほど日本の経済環境は悪化し、格差社会が進行したのです。消費者は生活防衛に奔走、日常的に、買い占め・買い渋り・買い控えが発生し、ふとんは徹底して安くて便利な通販・ネットなど、無店舗販売の低価格合繊既製輸入寝具を買いあさるようになりました。

こうした低価格志向の消費者と一体化した無店舗販売の強引な売り方は、限り無き価格破壊を生み、乱売に拍車がかかり「安かろう悪かろう」の粗悪品を量産し、使い捨ての風土を生みました。そのため、粗大ごみでは「使い捨てふとん」が廃棄量のナンバーワンの地位を三十年以上も守り続け、結果として重大で深刻な問題が起きています。一、寝具店廃業による打ち直し（リサイクル）の衰退。二、使い捨てふとん焼却（二酸化炭素）による環境問題、三、使い捨てのふとんによる寝床環境劣化による睡眠障害問題など、喫緊の課題となっているのです。

## （三）深刻な問題と今後の課題

### 寝具販売窓口の変化による木綿手作りふとん・打ち直し文化の衰退

ふとんのリサイクルや加工を伴う木綿手作りふとんの販売は、主に寝具店が担っていました。少なくともハンドメイドのふとんが主流であった１９８０年（昭和55）までは、他の販売チャネル（百貨店・量販店・ホームセンター他・通販、ネット販売）を抑え寝具専門店の販売シェアは、35・8％で、売り上げのトップを占めていたのです。

しかし、１９８０年以降、中国における既製羽毛ふとんの増産体制が軌道に乗ると、羽毛に対する人々の底流に流れていた高級化への願望と一体化して、羽毛を対象に新たな「流通破壊」、「価格破壊」を試みた無店舗販売により１９８５年に逆転したのです。以後寝具の売り上げトップに躍り出た無店舗販売の躍進により、２０１２年（平成24）、寝具真専門店のシェアは一気に４・８％まで急落、一方、無店舗販売はシェアを63・８％と劇的に拡大しました。このチャネルの変化が、海外で生産された量産既製ふとん優位の市場となり、バブル崩壊後は特に使い捨て感覚で利用できる、安くて便利な合織の量産既製輸入ふとんが主流を占めるようになったのです。

　このような、消費者の低価格願望と一体化した無店舗販売の戦略によって、ますます消費者の木綿ワタ離れ・寝具店離れが加速しました。そのため、加工を伴う割高な木綿の手作りふとんと共に、リサイクルに回る木綿古ふとんの量も劇的に減少し、それに伴い寝具店の廃業が加速、ふとんの打ち直し（リサイクル）は衰退の一途をたどっています。

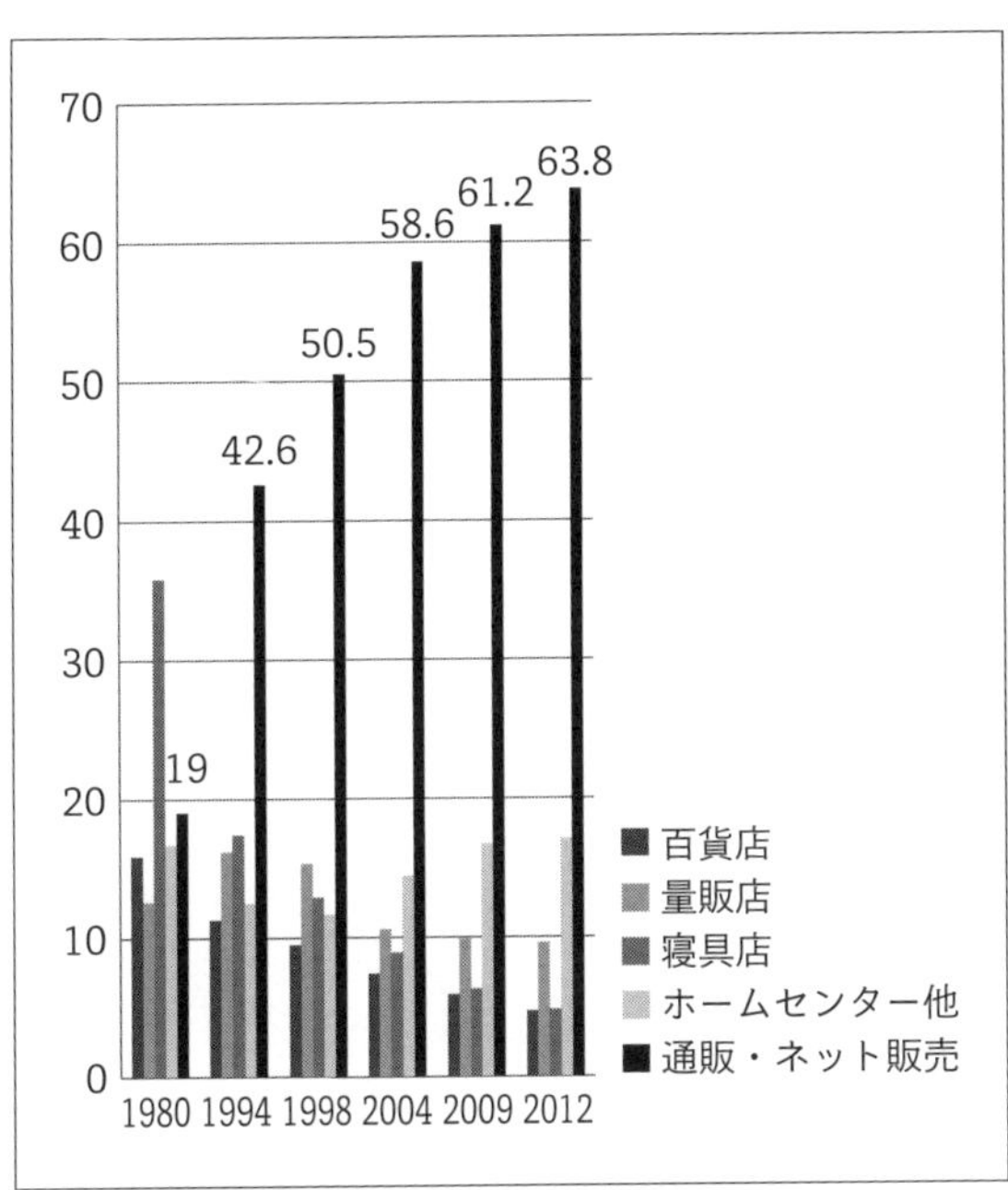

図表１　ふとん販売チャネル別シェア（単位：％）

## 使い捨てふとんによる環境問題

　木綿の綿は、保温性・吸湿性・放湿性・弾力性に優れ、高温多湿な日本の気候風土に合った寝具の素材として、明治以来現在に至るまで長い間親しまれていることは先述の通りです。また、木綿のふとんは資源を無駄にせずゴミにしない、確りとしたリサイクルの仕組みが確立されてきたのです。また、日本には以前より、耐久性のある良いものを買って長く使う、「もったいない」の精神が培われ、それが一体となって木綿のふとん文化は支えられてきました。それはまさに、二十一世紀循環型「低炭素」社会を先取りするものであったのです。しかし現実には、「大量生産」「大量消費」「大量廃棄」の市場経済が進行する中で、「使い捨て文化」が定着、次々と安いものを買って使い捨てていく文化が根付きました。そのため、①年々増え続ける一方の粗大ごみ「使い捨てのふとん」、②それ伴う処理費用、③使い捨てふとんによる環境汚染、④海面処分場の限界など、一刻の猶予も許されない状況が続いています。

二十一世紀は環境の世紀と言われています。現在の世代の幸福だけではなく、将来の世代にも幸福を追求する機会を保障するためには、「持続可能な発展」を意識した消費行動が今ほど強く求められている時はありません。「使い捨ての合繊ふとん」など、このままの「使い捨て」経済システムが進行すると、寝床環境の劣化に歯止めがかからないばかりか、石油資源の枯渇のみならず、ふとんの焼却による地球の温暖化など、計り知れない多くの問題を投げかけています。国民の一人一人が、「使い捨てのライフスタイル」に見切りをつけ、良いものを捨てずに修理をして、大切に長く使う気持ち「もったいない」の心を、今こそ育む必要があるのです。

## 使い捨てふとんによる健康問題

エアコン以前における、暑さ寒さに対応した寝床の調整には、畳の上に木綿の敷ふとんと、大きさや厚さ重さの違う、夏ふとん、肌掛けふとん、合掛けふとん、冬掛けふとんなどが用意され、季節に応じてその都度、ふとんの「組み合わせ」「使い分け」をしながら床内気候を調整し、安眠・快眠の就寝環境を維持してきた長い歴史があります。すなわち、日本における睡眠という生活文化は、木綿の手作りふとんとマット代わりの畳という両者の相乗効果のもとで、構築されていたことが分かります。しかし、昭和36年（1961）エアコンの普及率は僅か4％、であったものが、[42] 令和元年（2020）には92・2％、となり、[43]

一世帯当たり平均3・7台のエアコンが存在するようになりました。当然のことながら寝室に一台は当たり前のようになり、ボタン一つで寝室の適温を容易に設定することができるようになったのです。そのため、季節による寝具の「組み合わせ」や「使い分け」もなくなり、「ふとんの日干し」など一年に一回もしたことがない人たちが増え、寝具を清潔に保つ風習も消え失せてしまいました。巷でもベランダにふとんを干している風景などめったに見ることはできなくなったのです。そのため、４００人中１０１人、28％、の人たちは季節が変わってもふとんを替えることなく、一年中同じ合繊の既製ふとんで寝起きし、寒い日や暑い日には一晩中エアコンを回し続けています。その大きな要因として、激しくなる一方の合繊既製ふとんの乱売があります。敷・掛け・枕・ケース付き税込３４８０円など、国産ふとんカバー一枚の価格で合繊の組布団が販売され、ふとんはそれ自体全く価値のない消耗品になってしまいました。そのことが、寝具に対する愛着・拘り・関心を一気に奪い去っていったのです。そのため、安眠快眠で明日の健康を誘う大切な寝具に、お金を掛けたくない、寝具には関心がない（４００人中26・８％、１０８人　ＷＥＢ調査）など、ふとんに対して、無知・無関心・無頓着な人たちを量産しています。

その結果、吸湿性に劣り寝床内気候が発汗で高温多湿になり蒸れやすい合繊の使い捨てふとんを好んで利用するなど、よく眠れていない「睡眠不足」の人たちが４００人中１１５人もいます。寝床環境の劣化が、睡眠障害を招いているのは明らかです。

しかしながら現在大人たちが抱える睡眠障害の多くは、先人たちのようにふとんの機能を知り、季節に応じたふとんを利用し、換気や寝間着、扇風機、湯たんぽ、保冷枕など、上手に組み合わせることによって、快眠を誘う「寝床内気候」を年間「33±1℃、湿度約50％」と一定にキープすることが出来ないために起こる現象であって、単にふとんや睡眠に関わる、無知から生ずるものと考えています。

国民の一人一人が、改めて伝統ある人と環境にも優しい、木綿ワタの物性を知り、木綿手作りふとんの見直しを進めることで、日本の伝統ある木綿手作りふとん文化も存続し継承できるものと考えています。

# 第二章

## 寝床とふとんの現状

# 一　背景と目的、調査研究の内容

## （一）調査の背景と目的

戦後ライフスタイルの洋風化や使い捨て文化の進行により、伝統的な睡眠の和式スタイル（畳と和ふとん）は大きく後退し、現在では洋式スタイル（フローリングにベッド）へ大きくシフトしています。ふとんは、主体的に合繊や羽根・羽毛ふとんなどの価格破壊で乱売される量産既製輸入ふとんで、通販やネットなど無店舗販売が大半を占めるようになりました。そのため、木綿のふとん離れが加速し、それに伴う寝具店の廃業などにより、今まで培ってきたふとんの打ち直し（リサイクル）が激減、存亡の危機的な情況となっています。

そのため、使い捨てのふとんの焼却による二酸化炭素などの環境汚染や、使い捨てふとんによる過度のエアコン依存が、寝床環境の劣化を呼び、睡眠の質的低下を招いています。「寝た気がしない」「夜中に目が覚めてしまう」「寝つきが悪い」など、新たな問題も起き深刻化しているのです。

本章では、アンケート調査をもとに、寝床とふとんのタイプ別利用状況、寝床とふとんの組み合わせ、布団類の「使い分け」など、寝床とふとんの使用状況から、それらが生み出す問題点を洗い出し、なぜ今木綿のふとんなのか、将来に向けた寝具環境の改善点を提示したいと思います。

## （二）調査研究の内容

①　寝床に応じた寝具の使い分けの実態はどうなっているのか。

イ　和室でふとんを使用
ロ　洋室（フローリング）でベッドを使用
ハ　洋室（フローリング）でふとんを使用の三種類
②　季節により寝具の組み合わせはどのように変化しているか。
③　季節により使用している寝具の素材に違いはあるかないか。それはなぜか。
④　寝具の手入れはしているか。している理由、していない理由は何か。
⑤　使っている寝具に満足か不満足か。理由は何か。
⑥　エアコンは、睡眠環境に適切に使用されているか否か。問題や課題はないのか。
⑦　睡眠に問題はないのか安眠は保証されているか、いないのか。その理由は何か。

## (三) アンケート調査エリア・属性・項目

一　調査エリア：全国
二　サンプル数：北海道48、東北48、関東54、中部48、近畿50、中国・四国48、九州・沖縄48合計４００人とした。
三　対象年齢　：十〜七十歳以上の七ブロック
四　年代別職業：左記下の通り
五　調査項目：（一）自身に関する事項、四問
（二）体質・好みの事項、三問
（三）寝室・寝具・睡眠に関する事項、十三問で合計二十問である。

| 割付 | 10代 | 20代 | 30代 | 40代 | 50代 | 60代 | 70代 | 合計 |
|---|---|---|---|---|---|---|---|---|
| 北海道 | 56 | 8 | 8 | 8 | 8 | 8 | 8 | 48 |
| 東北 | | 8 | 8 | 8 | 8 | 8 | 8 | 48 |
| 関東 | | 9 | 9 | 9 | 9 | 9 | 9 | 54 |
| 中部 | | 8 | 8 | 8 | 8 | 8 | 8 | 48 |
| 近畿 | | 8 | 8 | 9 | 9 | 8 | 8 | 50 |
| 中国・四国 | | 8 | 8 | 8 | 8 | 8 | 8 | 48 |
| 九州・沖縄 | | 8 | 8 | 8 | 8 | 8 | 8 | 48 |
| 合計 | 56 | 57 | 57 | 58 | 58 | 57 | 57 | 400 |

| 【表側2】年代_CATE 年代別 | | 全体 | | | | | | | | | | | | |
|---|---|---|---|---|---|---|---|---|---|---|---|---|---|---|
| | | 全体 | 会社経営者・役員・団体役員 | 会社員・団体職員（正社員、教員） | 会社員・団体職員（派遣・契約社員） | 自営業・個人事業主・フリーランス | 自由業（開業医・弁護士事務所経営など） | 公務員 | 学生 | 主婦・主夫（専業） | パート・アルバイト・フリーター | 無職・休職中・求職中 | 年金生活 | その他 |
| 全体 | | 400 | 9 | 107 | 17 | 29 | 5 | 9 | 58 | 56 | 32 | 38 | 37 | 3 |
| 全体 | 10代 | 56 | 0 | 3 | 1 | 0 | 0 | 0 | 49 | 0 | 2 | 1 | 0 | 0 |
| | 20代 | 57 | 0 | 17 | 3 | 4 | 1 | 3 | 9 | 4 | 9 | 6 | 0 | 1 |
| | 30代 | 57 | 0 | 17 | 1 | 4 | 1 | 3 | 0 | 13 | 7 | 10 | 0 | 1 |
| | 40代 | 58 | 2 | 25 | 2 | 4 | 0 | 2 | 0 | 12 | 6 | 5 | 0 | 0 |
| | 50代 | 58 | 2 | 26 | 2 | 5 | 2 | 1 | 0 | 6 | 3 | 10 | 0 | 1 |
| | 60代 | 57 | 4 | 17 | 4 | 5 | 0 | 0 | 0 | 10 | 4 | 2 | 11 | 0 |
| | 70代以上 | 57 | 1 | 2 | 4 | 7 | 1 | 0 | 0 | 11 | 1 | 4 | 26 | 0 |

## 二　就寝のスタイルの現状

### 寝室のタイプ（和室・洋室）

畳は、断熱性、保温性、吸湿性、弾力性、防音性に優れていて、夏は涼しく、冬は暖かい。また、優れた吸放湿性があるため、高温多湿な日本の気候に適した商品と言えます。このような特性から、長い間寝室には無論のこと、寝具のマットとしても、日本の生活文化に深く根ざし、独特の居住空間を作り上げてきました。しかし、建築の洋風化・合理化に伴い、今ではマンションなどの集合住宅では和室そのものがなくなり、その現象は都心だけでなく地方にまで広がっています。

また、価値観やライフスタイルの変化に伴い、寝室における床構造にも大きな変化が起きています。そのため、寝床の畳離れは現在も進行し、寝室における洋間のウエートが大きくなっています。昭和52年（1997）、八木下登代子、他による『和式布団に関する研究』の中で、今から約半世紀前の、寝室に利用されている床構造に関する年代別アンケート調査があります。[44]

これによると、畳で就眠している人の割合は全体で92・2%、フローリングは僅か7・8%にすぎませんでした（**図表1**）。では、現在畳で就眠している人の割合は全体では、どのくらいになるのでしょうか。令和2年6月に実施したｗｅｂ調査[45]によると洋室が68%、和室32%と、和室は約三分の一に激減し、洋室のフローリングで就眠する人が大幅にアップ、逆転しているのが分かります（**図表2**）。

| | 和室 | 洋室 |
|---|---|---|
| 全体 | 92.2 | 7.8 |
| 70代以上 | 0 | 0 |
| 60代 | 99.4 | 0.6 |
| 50代 | 95.8 | 4.2 |
| 40代 | 96.5 | 3.5 |
| 30代 | 93 | 7 |
| 20代 | 88.8 | 11.2 |
| 10代 | 80.6 | 19.4 |

図表１　寝室タイプ別（昭和52年12～１月調査　%）

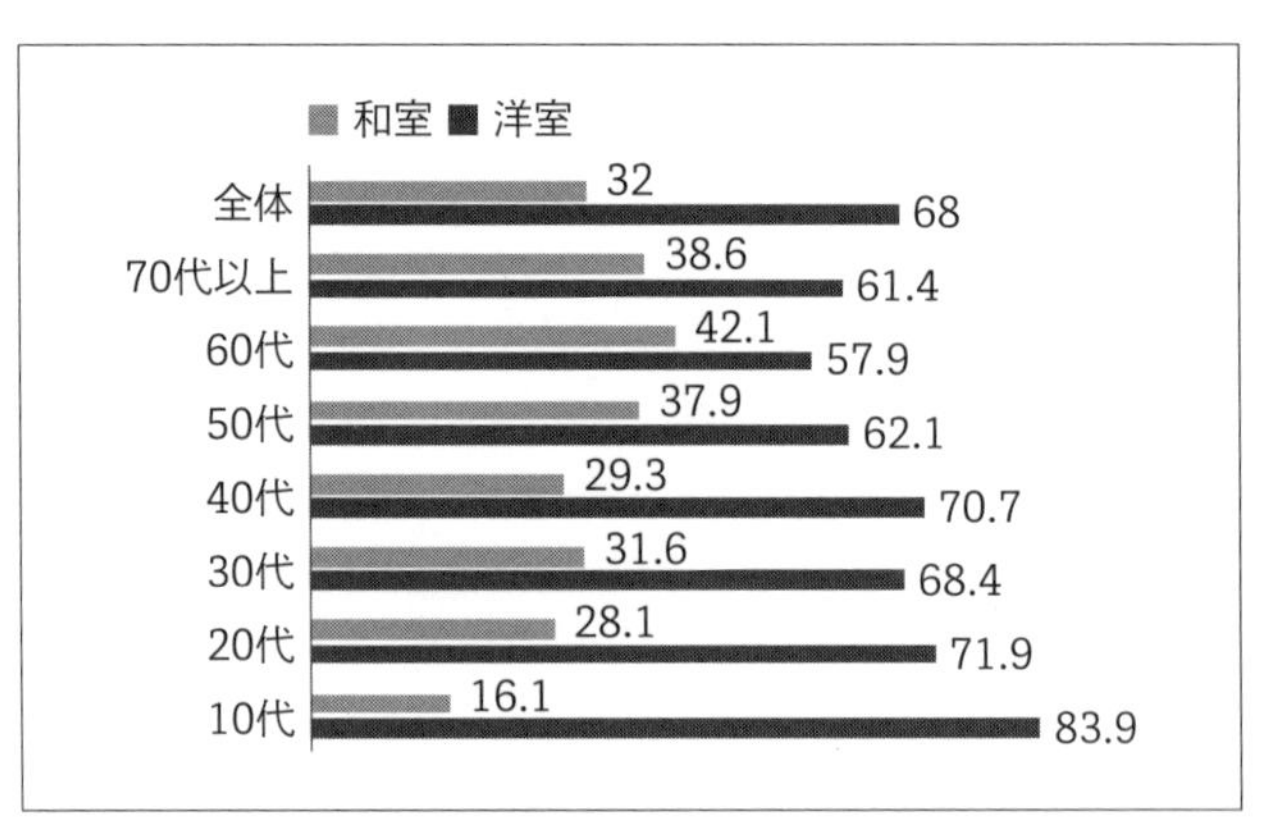


図表２　寝室タイプ別（令和２年６月調査　%）

## ベッド派・ふとん派

それでは、年代別にふとん派、ベッド派の割合を見てみると、ベッド派の一位は十代の75％、二位が五十代の62・1％、三位が七十歳代以上の59・6％となっています。全体的には、ベッド派が57・3％、ふとん派42・7％で、思いのほかふとん派が健闘している様子が分かります。

現在ベッドやフトンを使用している主な理由として挙げているのは、ベッド派ではすぐに横になれる、寝心地が良い、片付けが不要、掃除が楽、衛生的だからとなっています。

ふとん派では、落ち着くから、使わない時はたためば場所を取らない、低いので安心と続いています。しかし、高齢者の世代において特徴的なのは、ますます寝室の洋風化が進行する一方、ベッド派の割合が高まる傾向を示しているということです（**図表3**）。

高齢者がベッドを使用する理由としては、寝心地が良い47・4％、すぐに横になれる40・4％、片付けが不要38・6％、掃除が楽21・1％、衛生的15・8％等を挙げ、寝心地・片付け・衛生的・掃除が楽が、全体を大きく上回っています。また、高齢者でふとんを使用する理由としては、落ち着くから28・1％、使わない時はたためば場所を取らない22・8％、低いので安心12・3％となっており、高齢者の場合ベッドのほうが優位に立っています。

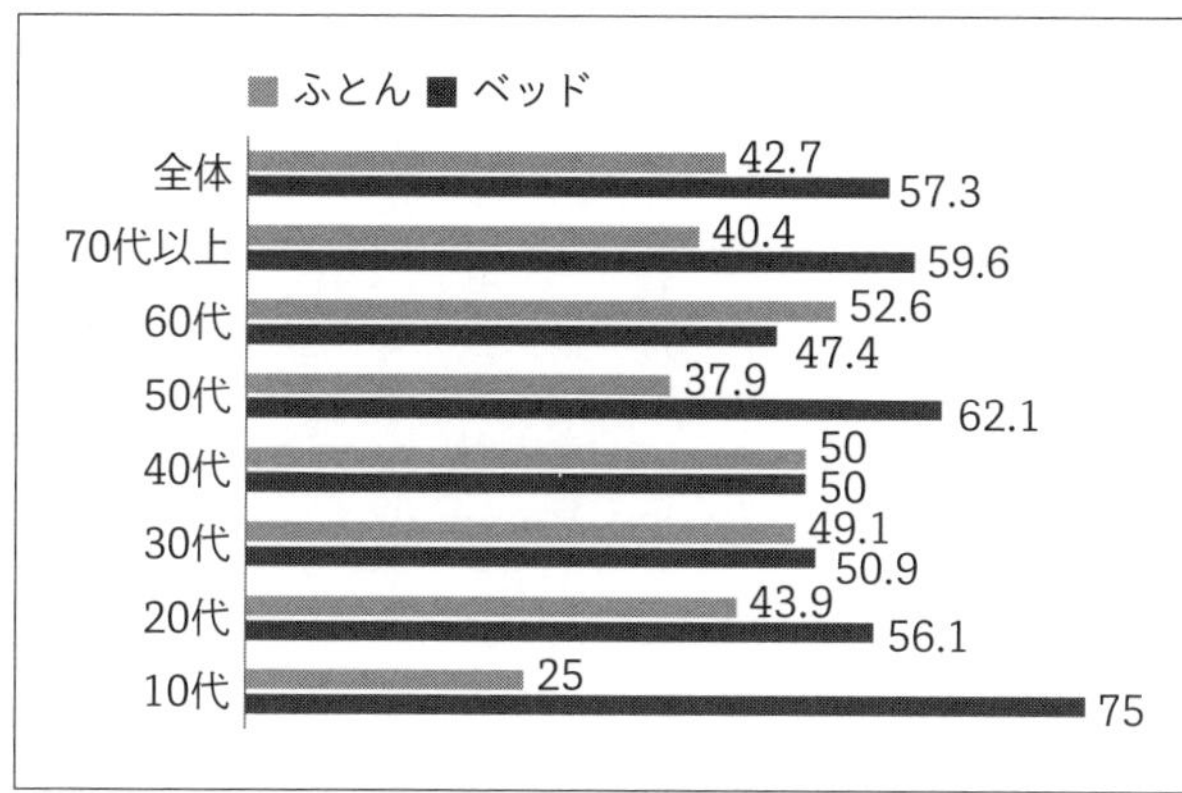


**図表3　寝具タイプ別（％）**

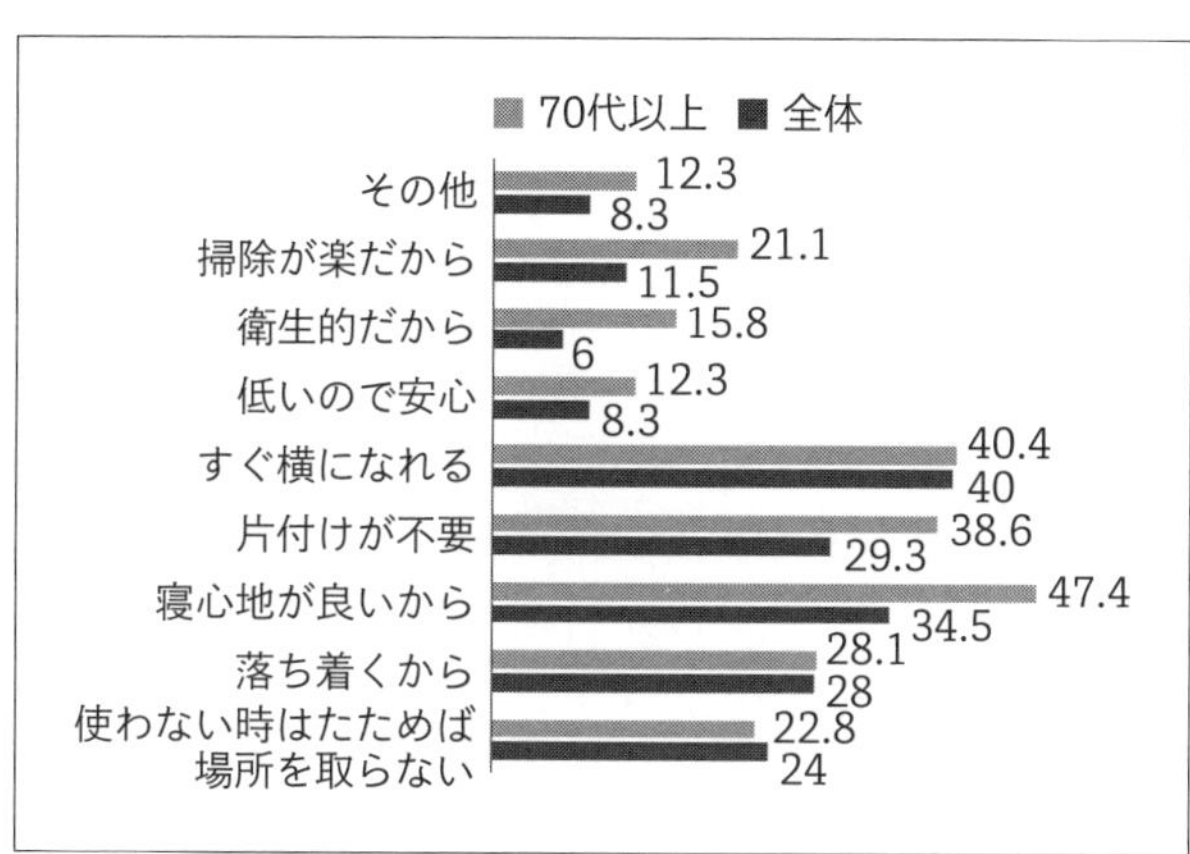


**図表4　ベッド・ふとんを使用している理由（％）**
**（お答えはいくつでも）**

このように、ベッドを選択する高齢者が多くなってきた傾向として、「高齢者にとってベッドと布団のどちらがよいか」という選択が、高齢者が生活するうえで、極めて重要な身近な問題として提起されるようになったからに他なりません。令和2年版『高齢社会白書』によると、少子高齢化が進むわが国では、将来的に介護人口が増え続ける七十五歳以上の人口は1849万人で、総人口に占める割合は14・7％となり、六十五歳から七十四歳の人口1740万人を大きく上回っています。[46]

そのため、介護を必要とする高齢者が、在宅で眠る環境として、安眠・快眠・安心・安全・衛生の観点から、ベッドと布団のどちらが適しているのか、提示することが喫緊の課題となっているのです。では、高齢者にとって、寝起きしやすいのはベッド、それともふとんでしょうか。一般的に、高齢者に適しているのはベッドと言われています。高齢者にとって、体が起こしやすいかどうかは眠る環境を決めるうえで重要な判断材料になっています。床に敷く布団よりもベッドのほうが、床からの距離があり、足腰の弱っている高齢者でも楽に起きることができるからです。ふとんの場合、起き上がるときに布に足をとられて転倒してしまう可能性があります。また、介護者もあまりかがむ必要がないため、負担を減らすことができます。ただし、ベッドは転落の危険性がありますので、座ったとき足の裏が楽につくような高さのものを選ぶことが必要となっています。

また、高齢者が暖かく眠れるのもふとんよりベッドが優位に立っています。暖まった空気は軽いため上へ流れていきます。逆に冷たい空気は下に流れ込みます。寒い冬に暖房を使っても、床に敷かれた布団では暖かさを感じられないかもしれません。しかし、ベッドには高さがあるので、流れてくる空気の暖かさを十分に感じることができます。また、湿気がこもりがちな夏も、ベッドの下を空気が通り抜けるように工夫すれば、快適に過ごすことができます。このように、暖かさや通気性に優れ、気持ちのよい眠りが得やすいのもベッドです。

## 寝室と寝具

では、実際寝室における寝具の使用状況はどうなっているのでしょうか。

①洋室にベッドで就寝している人は50・5％202人（十代の約73％、七十代以上の53％、五十代の50％、他約40％で十代と高齢者に多くなっている）

②和室にふとんで就寝している人は25・3％101人（六十代約37％、七十代以上の32％、五十代・四十代の26％で高齢者に多くなっている）。また、僅かではあるが和室にベッドで就寝している人6・8％27人、合わせて32・1％128人となっている。

③洋室にふとんで就寝している17・5％70人（二十代から四十代の約24％で若者が多い）（**図表5**）。

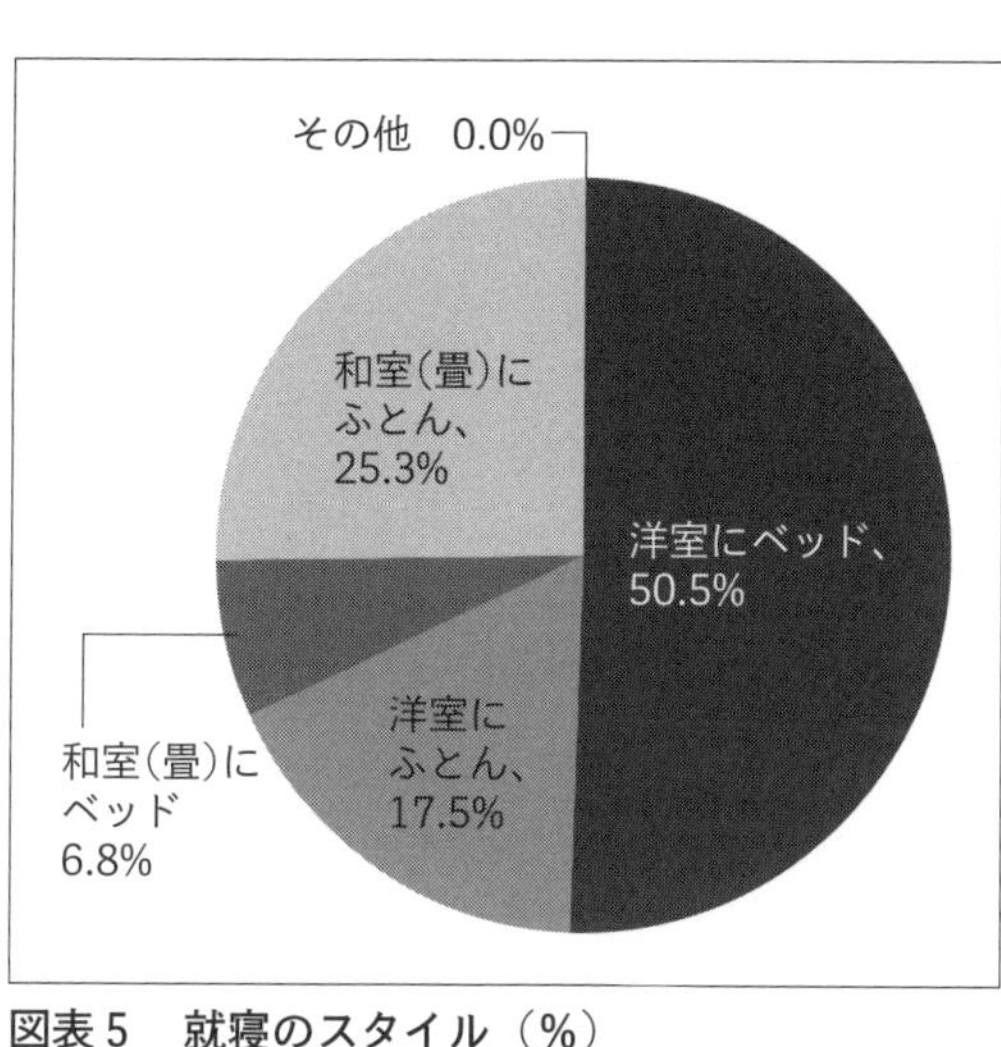


**図表5　就寝のスタイル（％）**

## ベッドの種類

調査対象者400名の内、フローリングの部屋にベッドで就寝している人は202名でありました。

使用率の多い順に①フロアベッド70・8％、②パイプベッド8・9％、③折りたたみベッド6・4％、④ロフトベッド5・9％、⑤ソファベッド4％、⑥畳ベッド2％、⑦その他23％となっています。一位のフロアベッドは、男女別、年代別に見ても、十代63・4％、二十代51・9％、三十代83・3％、四十代85・2％、五十代79・3％、六十

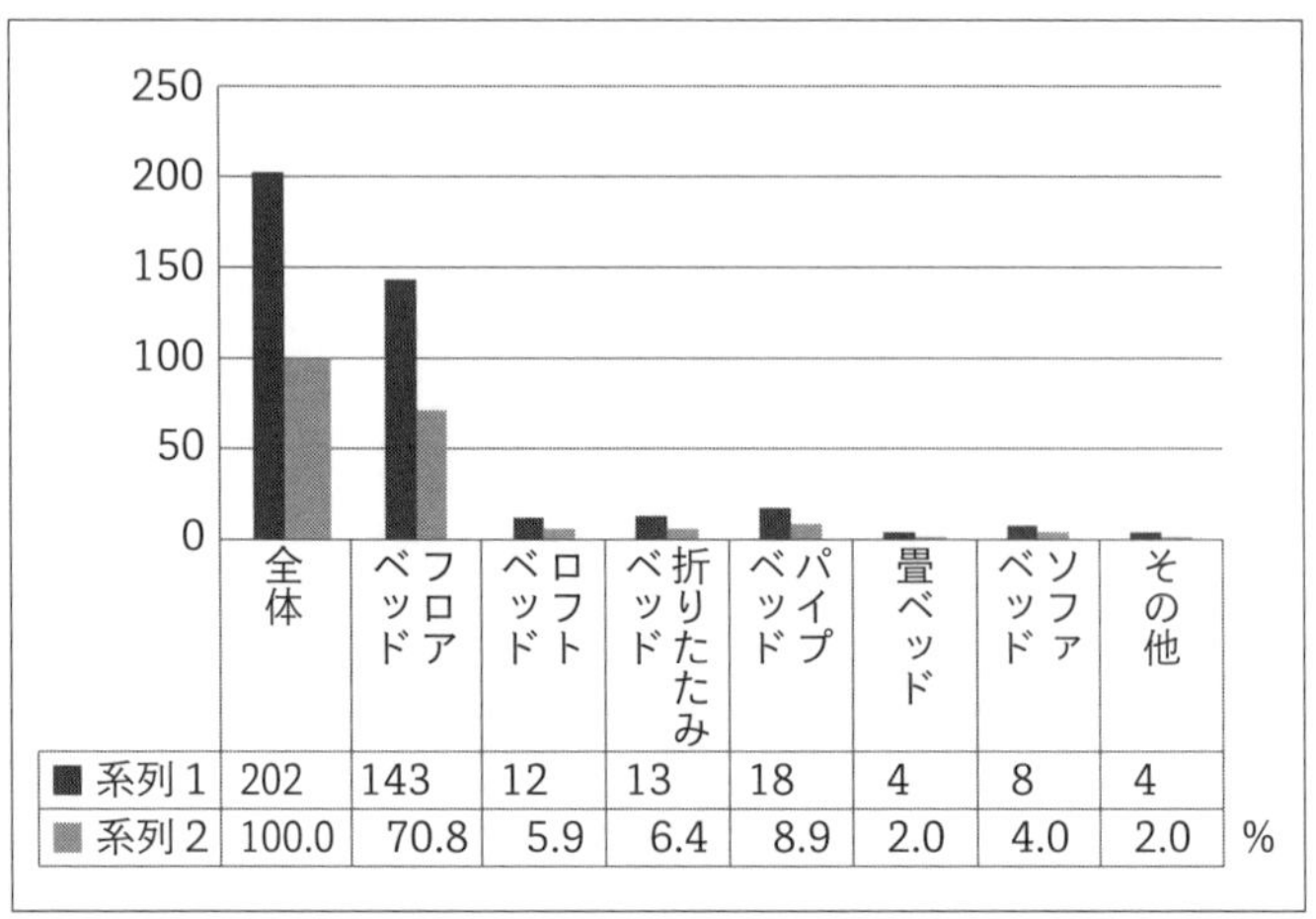

| | 全体 | フロアベッド | ロフトベッド | 折りたたみベッド | パイプベッド | 畳ベッド | ソファベッド | その他 | |
|---|---|---|---|---|---|---|---|---|---|
| 系列1 | 202 | 143 | 12 | 13 | 18 | 4 | 8 | 4 | |
| 系列2 | 100.0 | 70.8 | 5.9 | 6.4 | 8.9 | 2.0 | 4.0 | 2.0 | % |

図表6　ベッドの種類

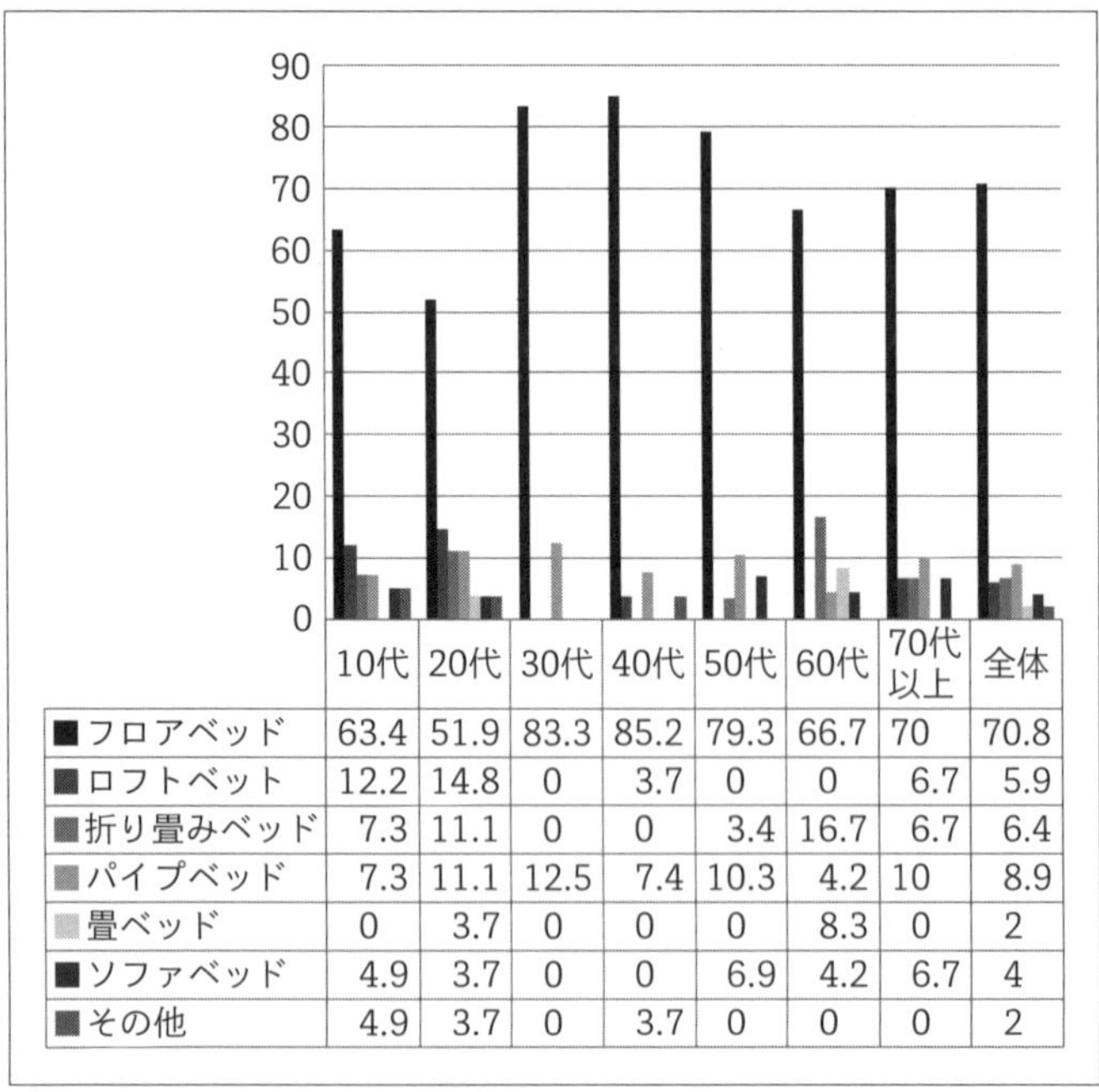

| | 10代 | 20代 | 30代 | 40代 | 50代 | 60代 | 70代以上 | 全体 |
|---|---|---|---|---|---|---|---|---|
| フロアベッド | 63.4 | 51.9 | 83.3 | 85.2 | 79.3 | 66.7 | 70 | 70.8 |
| ロフトベット | 12.2 | 14.8 | 0 | 3.7 | 0 | 0 | 6.7 | 5.9 |
| 折り畳みベッド | 7.3 | 11.1 | 0 | 0 | 3.4 | 16.7 | 6.7 | 6.4 |
| パイプベッド | 7.3 | 11.1 | 12.5 | 7.4 | 10.3 | 4.2 | 10 | 8.9 |
| 畳ベッド | 0 | 3.7 | 0 | 0 | 0 | 8.3 | 0 | 2 |
| ソファベッド | 4.9 | 3.7 | 0 | 0 | 6.9 | 4.2 | 6.7 | 4 |
| その他 | 4.9 | 3.7 | 0 | 3.7 | 0 | 0 | 0 | 2 |

図表7　年代別ベッドの利用割合（%）

代66・7%、七十代以上70%となっており、使用割合は、男女間、年代間に大差はありません。しかし、二位、三位のパイプベッド・折りたたみベッドについては、十代から七十代以上の高齢者にまで、幅広く利用されているのが分かります。理由として、安い・軽いという点で収納が楽、場所を取らない、移動に便利、上り下りが楽という点が評価されてのことと思われます。

## 三　季節別寝具の「組み合わせ、使いわけ」の現状

### （一）和室（畳）の寝床にふとんで就眠の場合（128名）

**寝具の種類別年間使用率**

調査対象者400名の内、和室（畳）でふとんを利用して就眠する人は128名でした。**図表8**は、和室における肌ふとん・冬掛けふとんなど、一年中使用する上掛けふとんの種類別年間利用率を示したものであります。主な素材別掛け布団の年間における利用率は、上掛けふとんで一位は、リサイクルができ保温性に最もすぐれ、吸放湿性が高くて軽い羽毛ふとんで、一番の人気であります。冬用・夏用を合わせた利用率は冬59・4％、夏33・5％、春37％となっており、年間では平均44％で掛けふとんの約半数を占めています。

二位はリサイクルのできる伝統的な綿ふとんで、重いのが欠点となっています。しかし、保温性や吸湿性に優れていますので、木綿わたの物性を理解し、重い掛けふとんの好きな人や、綿に対する深い愛着のある人に向いていています。肌ふとん・冬ふとんを合わせた年間では約25％を占めています。冬場での利用率は冬26％、夏21・6％、春26％となっております。

三位は合繊掛けふとんで、リサイクルはできませんが、価格が安く保温性や軽さが支持され、肌ふとん・

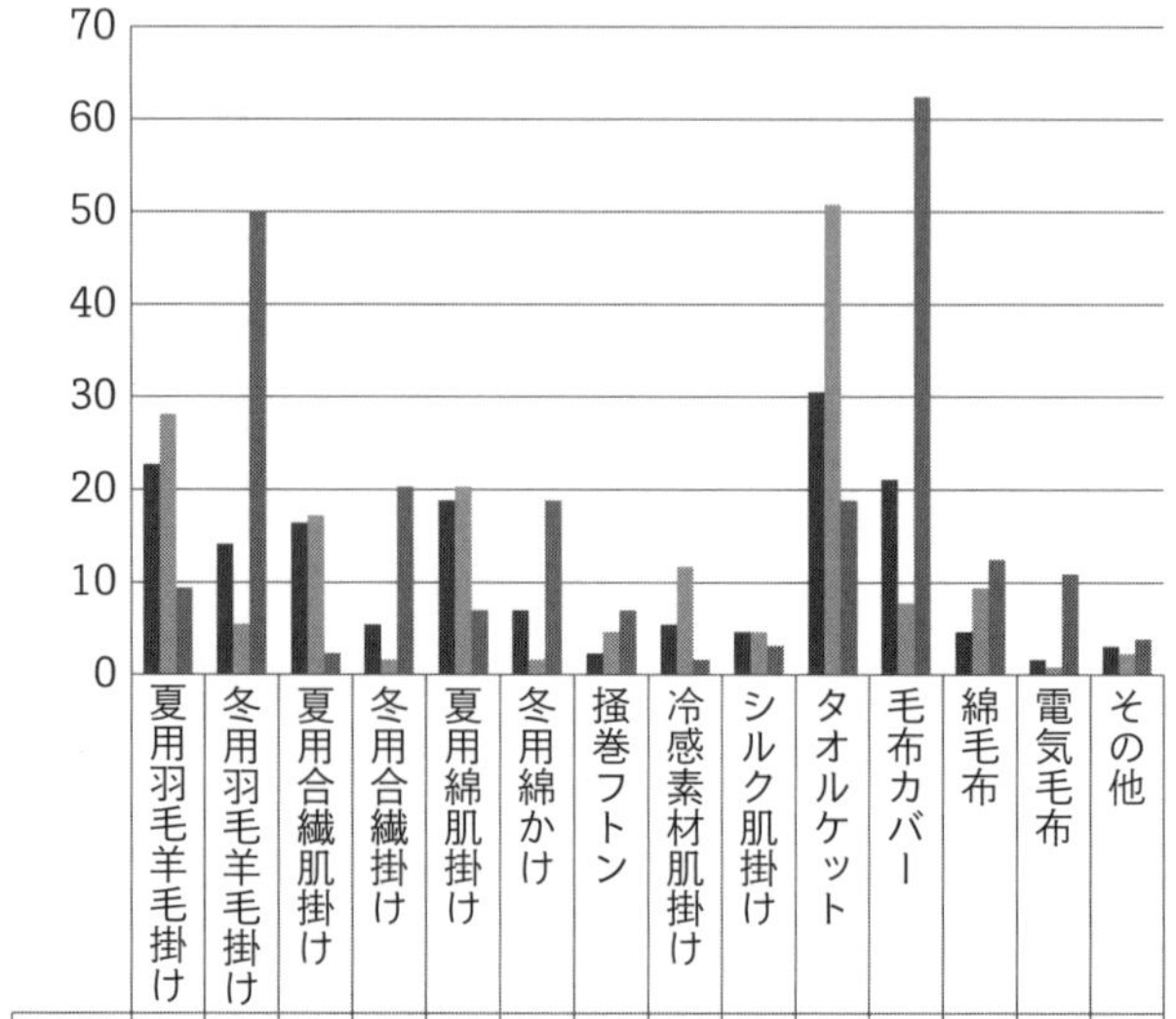

| | 夏用羽毛羊毛掛け | 冬用羽毛羊毛掛け | 夏用合繊肌掛け | 冬用合繊掛け | 夏用綿肌掛け | 冬用綿かけ | 掻巻フトン | 冷感素材肌掛け | シルク肌掛け | タオルケット | 毛布カバー | 綿毛布 | 電気毛布 | その他 |
|---|---|---|---|---|---|---|---|---|---|---|---|---|---|---|
| 春 | 23 | 14 | 16 | 5.5 | 19 | 7 | 2.3 | 5.5 | 4.7 | 31 | 21 | 4.7 | 1.6 | 3.1 |
| 夏 | 28 | 5.5 | 17 | 1.6 | 20 | 1.6 | 4.7 | 12 | 4.7 | 51 | 7.8 | 9.4 | 0.8 | 2.3 |
| 冬 | 9.4 | 50 | 2.3 | 20 | 7 | 19 | 7 | 1.6 | 3.1 | 19 | 63 | 13 | 11 | 3.9 |

**図表8　和室（畳）でふとん、掛寝具年間利用率（%）**
**和室400人中128名**

冬ふとんを合わせた年間では約22%を占めています。冬場での利用率は冬22・3%、夏18・6%、春21・4%となっております。

掻巻フトンは冬場に多く、冷感素材の肌掛けは夏場多く使用されています。タオルケットは夏場に多く利用されておりますが、季節の区別なく利用されています。毛布の場合は冬・春に多く利用され、綿毛布・電気毛布は冬場に多く利用されています。

敷ふとんの一位は、湿気の多い日本の気候にマッチした素材で、古くから使い慣れた手作りの和敷ふとんで、保温性・吸湿性・弾力性・安定性に富むなどの、木綿の特性が支持されています。春34・4%44人、夏35・9%46人、冬33・6%43人、年間平均利用者は34・2%45人と健闘しています。スリーシーズンとも安定した使用率となっています。

二位はマットレスで、年間の利用者は平均27・6%36人となっています。低反発、ウレタンホームフォームラバー等のマット類で、弾性復元力に優れ日に干す必要がないなどの利点があります。

三位は、使い捨てタイプの安価な合繊の敷ふとんで、保温性があり軽いのが支持されています。春25％32人、夏23・4％30人、冬26・6％34人で、年間の利用平均は25％32人となっています。合繊の敷ふとんは吸湿性に劣るため、寝汗を吸収できず蒸れるなど問題となっていますが、和室の場合、適度な硬さと吸湿性のある畳がマットの代わりをし、寝汗を吸収しています。

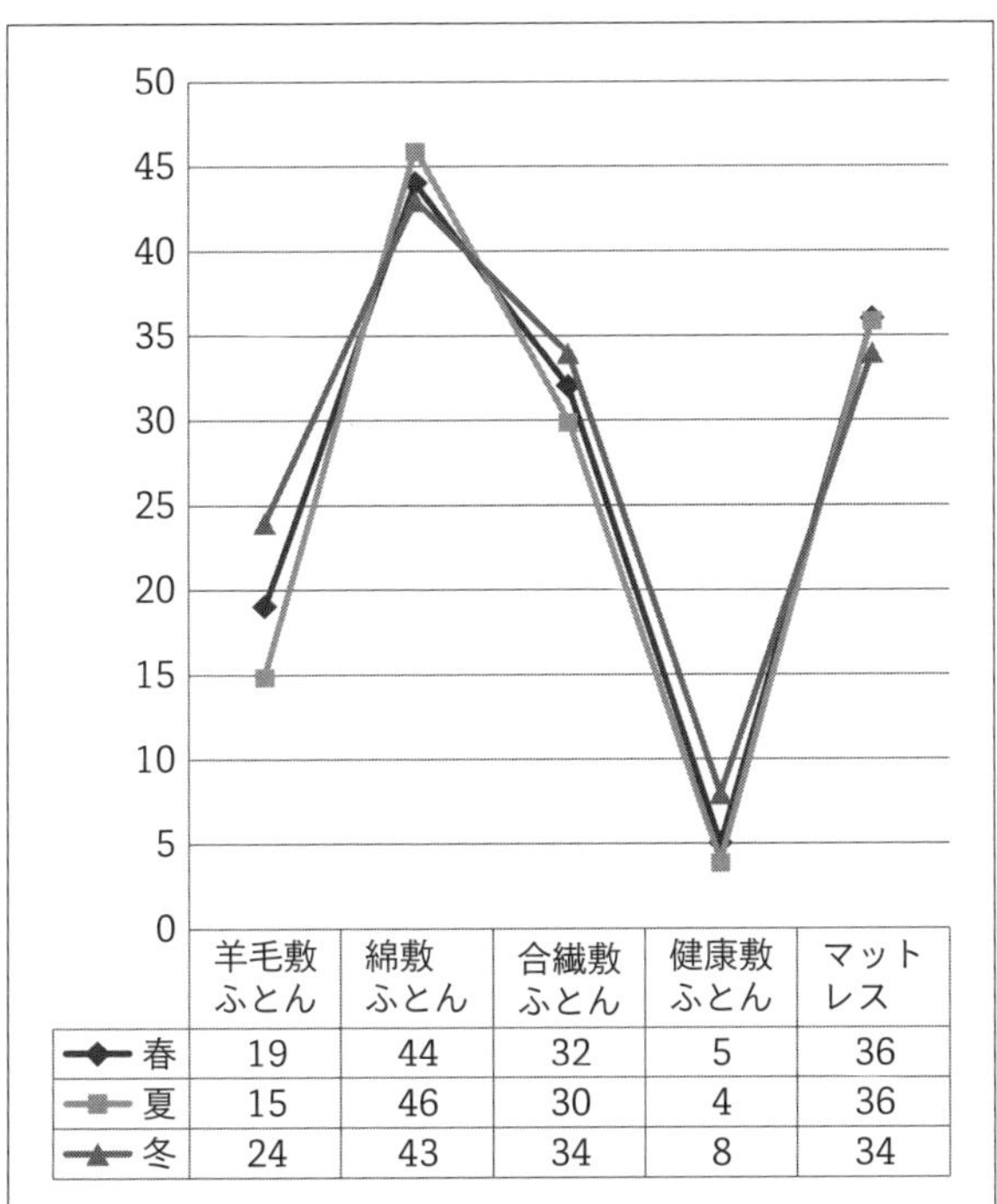


| | 羊毛敷ふとん | 綿敷ふとん | 合繊敷ふとん | 健康敷ふとん | マットレス |
|---|---|---|---|---|---|
| 春 | 19 | 44 | 32 | 5 | 36 |
| 夏 | 15 | 46 | 30 | 4 | 36 |
| 冬 | 24 | 43 | 34 | 8 | 34 |

**図表9　種類別敷ふとんの使用人数、和室にふとん**

四位は、羊毛の敷ふとんで春14・8％19人、夏11・7％15人、冬18・8％24人で、年間の利用平均は15・1％20人になっています。暖かく、吸湿性は綿の二倍もあり爽やかであります。また、放湿性にすぐに優れ、快いクッション性に人気があります。

五位は、健康敷ふとんで年間の利用平均は4・4％6人で、温熱効果のある冬場にはその威力を発揮し、利用率は高くなっています。

補助的な寝具として、敷パット・除湿マット・電気敷毛布が使用されており、冷感敷パットは主に夏場、電気敷毛布は冬場に多用されております。除湿マットは、年間の使用率は僅か3・1%にすぎません。

## 寝具の「組み合わせ・使い分け」

快適な睡眠に大切な温度と湿度、寝室全体の他に実はもうひとつ気をつけなければいけない場所があります。それは寝床内、つまり布団の中の温度と湿度です。これを「寝床内気象」と言います。身体と寝具の間に出来る小さな空間の理想的な〝気象〟は、年間を通して温度約33±1℃、湿度約50%と言われています。つまり、ふとんの種類や組み合わせ方で「33±1℃、湿度約50%」を一定にキープすることがとても大切なのです。暑い夏も寒い冬も、最適な掛け布団や敷布団を選び組み合わせることによって、私たちを一年中快適な眠りへと誘ってくれるのです。掛け布団において、まず大切なのが「保温性」。そして湿度のコントロールをフレキシブルに行える「吸透湿性」と「放湿性」です。

和室にふとんで就眠する場合、掛けふとんの季節別の「組み合わせ」は、利用率の高い順に左記のようになっています。

・室温5℃前後（冬）…冬用羽毛掛け布団又は冬用合繊・木綿掛けふとん
・室温25℃以上（夏）…タオルケット又は羽毛・綿・合繊・冷感肌ふとん
・室温15℃前後（春や秋）…羽毛掛け布団又は羽毛・綿・合繊肌ふとん

このように、時季の室温に合わせて、冬用羽毛・木綿・合繊ふとんや肌掛けふとん・冷感肌ふとん・タオルケットなどうまく組み合わせることが、快適な眠りへの近道になっています。

また、敷ふとんは、掛ふとんのように季節によって替えることはなく、一年中同じものを利用することが多くなっています。和室にふとんで就眠する場合、畳がマットレスの代わりとして利用できるので、大半の人は敷ふとん（羊毛・木綿のワタ・合繊・健康敷ふとん）一枚にシーツか敷パットを重ねて使用しています。

本件の場合、季節別による敷ふとんの利用率は、高い順に左記のようになっています。
・室温５℃前後（冬）…畳の上に敷ふとん（木綿手作り敷ふとん・マットレス・合繊の敷ふとん・羊毛敷ふとん・健康敷ふとんの内いずれか一枚）を敷き、その上にシーツ又は敷パットを重ねて使用しています。
１２８人の内、冬に敷を二枚重ねで就寝している人は15人のみとなっています。
・室温25℃以上（夏）…畳の上に敷ふとん、（木綿手作り敷ふとん・マットレス・合繊の敷ふとん・羊毛敷ふとん・健康敷ふとんの内いずれか一枚）を敷き、その上にシーツ又は敷パットを重ねて使用しています。
１２８人の内、夏に敷を二枚重ねで就寝している人は３人のみとなっています。
・室温15℃前後（春や秋）…畳の上に敷ふとん、（手作り敷ふとん・マットレス・合繊の敷ふとん・羊毛敷ふとん・健康敷ふとんの内いずれか一枚）を敷き、その上にシーツ又は敷パットを重ねて使用しています。
１２８人の内、春や秋に敷ふとんを二枚重ねで就寝している人は８人のみとなっています。

心地良い眠りに欠かせないのが、快適な敷寝具で、寝返りを打つ、汗をかく、体温の変動など、人の体は睡眠中にも変化し続けます。その状況に左右されることなく、眠りについてから目覚めるまで、心地良さをキープできることが、快適な寝具にとって必要不可欠な条件となります。この条件を満たすのが、保温性・吸湿性・弾力性の高い木綿の手作り敷ふとんということができるのです。

## （二）　洋室（フローリング）の寝床にベッドで就眠の場合（２０２名）

### 寝具の種類別年間使用率

調査対象者４００名の内、洋室（ローリング）でベッドを利用して就眠する人の割合は２０２名でありました。そのうちフロアベッドは１４３台で、他59台はマットレスなしのベッドになっています。**図表10**は、洋室にベッドで使用されている肌ふとん・冬掛けふとんなど、一年中使用する上掛けふとんの種類別年間利用率を示したものであります。主な素材別掛け布団の年間における利用率は上掛けふとんで、

一位は、リサイクルができ保温性に最も優れ、吸放湿性が高くて軽い羽毛ふとんで、利用率は冬73・３％、夏41・６％、春53％となっており、年間では56％で掛けふとんの大半を占めています。

二位は合繊掛けふとんで、リサイクルはできないが、価格が安く保温性や軽さが支持され、年間では約19％を占めています。冬場での利用率は冬18・４％、夏19・３％、春16・９％となっております。

三位は保温性や吸湿性に優れリサイクルのできる伝統的な綿ふとんで、年間では約17％を占めています。冬場での利用率は冬12・９％と軽さで見劣りする綿のふとんは利用者が減っています。しかし、夏20・８％、春16・９％と、吸湿性が買われ汗ばむ春・夏での肌掛けの利用が多くなっています。

ベッドにおける掻巻フトンの使用は冬場に多く３％となっています。冷感素材の肌掛けは夏場多く使用されています。タオルケットは夏場に多用されますが、季節の区別なく利用されています。毛布の場合は、半数以上が冬場に、春には約二割近くの人が利用しています。綿毛布は年平均５・６％の割合で利用され、電気毛布は12・４％と圧倒的に冬場に多く利用されています。

敷ふとんの一位はマットで、春39・６％80人、夏38・６％78人、冬38・６％78人となっており、年間の利

用割合は38・9％79人であります。洋間にベッドのケースでは、フロアベッド以外の、ロフトベッド、折り畳みベッド、パイプベッド、畳ベッド、などには、敷ふとん役割として必ず必要なものとなっています。

二位は、同率で羊毛敷・木綿敷ふとんとなっています。羊毛敷は春16・8％34人、夏13・9％28人、冬20・8％42人で、年間平均17・1％35人となっています。冬暖かく、吸湿性・放湿性にすぐに優れ、保温は綿の二倍もあり爽やかさが受けています。

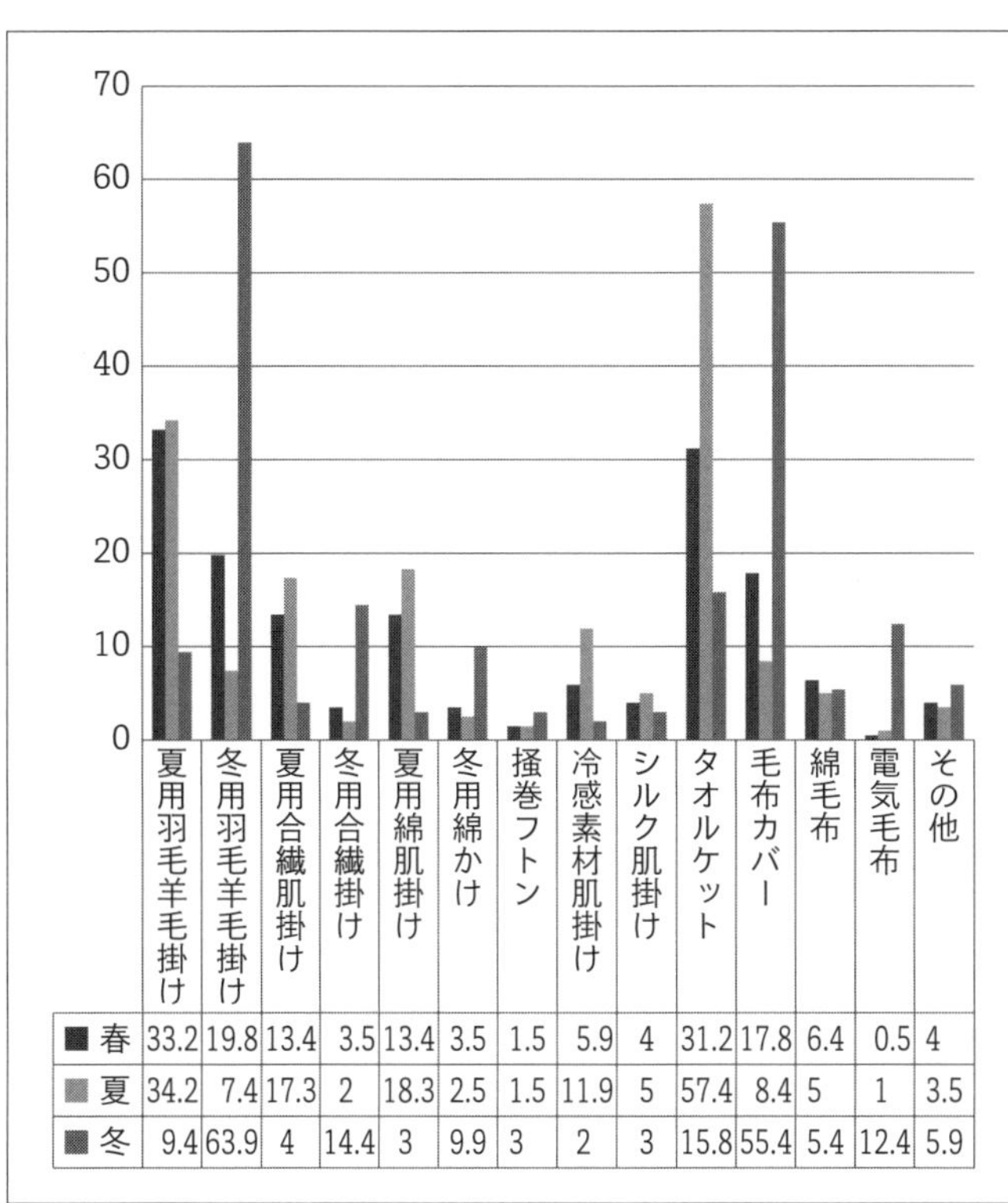


| | 夏用羽毛羊毛掛け | 冬用羽毛羊毛掛け | 夏用合繊肌掛け | 冬用合繊掛け | 夏用綿肌掛け | 冬用綿かけ | 掻巻フトン | 冷感素材肌掛け | シルク肌掛け | タオルケット | 毛布カバー | 綿毛布 | 電気毛布 | その他 |
|---|---|---|---|---|---|---|---|---|---|---|---|---|---|---|
| ■春 | 33.2 | 19.8 | 13.4 | 3.5 | 13.4 | 3.5 | 1.5 | 5.9 | 4 | 31.2 | 17.8 | 6.4 | 0.5 | 4 |
| ■夏 | 34.2 | 7.4 | 17.3 | 2 | 18.3 | 2.5 | 1.5 | 11.9 | 5 | 57.4 | 8.4 | 5 | 1 | 3.5 |
| ■冬 | 9.4 | 63.9 | 4 | 14.4 | 3 | 9.9 | 3 | 2 | 3 | 15.8 | 55.4 | 5.4 | 12.4 | 5.9 |

**図表10　洋室にベッド、掛寝具年間利用率（%）**

　続いて年間利用率では同率の、綿の手作り敷ふとんです。保温性・吸湿性・弾力性に富み、敷ふとんとしては根強い人気があります。春18・3％37人、夏17・8％36人、冬15・3％31人、年間では17・1％35人となっています。

　三位は、合繊の敷ふとんで、春10・4％21人、夏8・9％18人、冬11・4％23人、年平均10・2％21人となっています。敷ふとんは、オールシーズン同じものを使用しているケースが多くなっています。

補助的な寝具として、敷パット・除湿マット・電気敷毛布使用されておりますが、冷感敷パットは主に夏場、電気敷毛布は冬場に多用されております。除湿マットは、２０２人中年平均４％で８人と、皆無に近い数字となっております。

**寝具の「組み合わせ・使い分け」洋室にベッドで就眠の場合**

洋室にベッドで就眠する場合、掛けふとんの季節別の「組み合わせ」は、利用率の高い順に左記のようになっています。

・室温５℃前後（冬）…羽毛ふとん・毛布・タオルケット・合繊ふとん・電気毛布・綿掛けふとん
・室温25℃以上（夏）…タオルケット・羽毛肌掛け・綿肌掛け・合繊肌掛け・冷感肌掛け
・室温15℃前後（春や秋）…羽毛肌ふとん・タオルケット・羽毛ふとん・毛布・綿肌ふとん・合繊肌ふとん

となっています。

このように、時季の室温に合わせて、冬用羽毛・木綿・合繊ふとんや肌掛けふとん・冷感肌ふとん・タオルケット・毛布などうまく組み合わせ寝床内気象を年間「33±１℃、湿度約50％」と一定にキープすることがとても大切なこととなっています。

また敷ふとんは、掛ふとんのように季節によって替えることはなく、一年中同じものを利用することが多くなっています。洋室にベッドで就眠する場合、フロアベッドの１４３人はマットが装着されていますので、羊毛敷ふとんかベッドパット、ボックスシーツを重ねて使用しています。残り59人の人たちは、ロフトベッド・折り畳みベッド・パイプベッド・畳ベッドを利用しておりますがマットはついておりませんので、ベッドの上にマットレスを敷き、その上に木綿の手作りふとん又は合繊の敷ふとんか健康敷ふとんをそれぞれ一枚重ね、その上に敷パットを敷いて使用しているものと思われます。洋室にベッドの場合は、

季節による敷寝具の利用率が高い順に、左記のようになっています。

・室温5℃前後（冬）…ベッドの上に、マットレス、羊毛敷ふとん、木綿手作り敷ふとん、合繊の敷ふとん、健康敷ふとんの内いずれか一枚敷き、その上に敷パットを重ねて使用しています。

・室温25℃以上（夏）…ベッドの上に、マットレス、木綿手作り敷ふとん、羊毛の敷ふとん合繊の敷ふとん、健康敷ふとんの内いずれか一枚敷き、その上に冷感敷パット・敷パットの内一枚を重ねて使用しています。夏場においては、吸湿性の高い木綿の手作り敷ふとんと冷感の敷パットが優位に立っています。

・室温15℃前後（春や秋）…ベッドの上に、マットレス、木綿手作り敷ふとん、羊毛の敷ふとん、合繊の敷ふとん、健康敷ふとんの内いずれか一枚敷き、その上に敷パット・冷感敷パットの内一枚を重ねて使用し

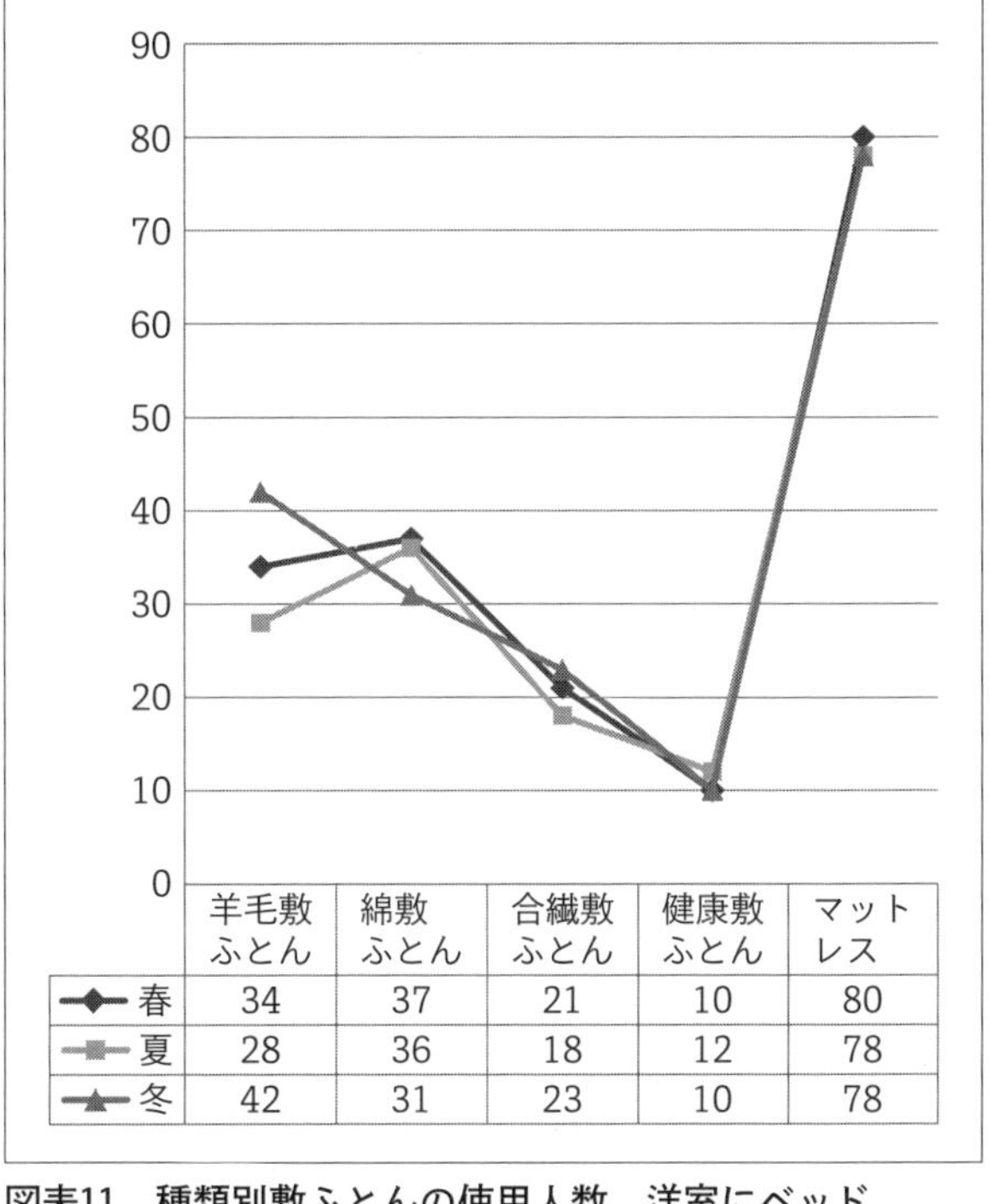


| | 羊毛敷ふとん | 綿敷ふとん | 合繊敷ふとん | 健康敷ふとん | マットレス |
|---|---|---|---|---|---|
| 春 | 34 | 37 | 21 | 10 | 80 |
| 夏 | 28 | 36 | 18 | 12 | 78 |
| 冬 | 42 | 31 | 23 | 10 | 78 |

図表11　種類別敷ふとんの使用人数、洋室にベッド（n＝202）

ています。

羊毛の敷ふとんは、男性では七十歳の高齢者が一位、二位の十代など、高齢者と若い世代で支持層を広げています。女性では、一位三十代、二位十代と圧倒的な差で若い世代に支持されています。

木綿手作りのふとんは、男性で七十代を筆頭に六十代・十代にわたって広く支持層を広げています。女性では一位十代から四十代の若い世代と六十代以上の高齢者に広く支持されています。

合織敷ふとんは、男性では十代が一位で二位、三位は五十代以上の世代が占め、二十代から四十代は全く利用されていません。女性の場合も、十代、二十代、七十代のみで三十代から六十代までは全く利用されておりません。高齢者は軽さを、若い世代では価格の安さを購入基準にしているものと考えられます。

## (三) 洋室（フローリング）の寝床に和ふとんで就眠の場合（70名）

### 寝具の種類別年間使用率

フローリングの寝室でふとんを利用（70名）して、就眠する現状はどうなっているのでしょうか。**図表12**は、フローリングにふとんで就眠するケースで、年間における掛けふとんの種類別年間利用率を示したものであります。主な素材別掛け布団の年間における利用率は、冬物夏ものを合わせて一位は羽毛の掛けふとんとなっています。春40％、夏28・7％、冬48・3％となっており、年間では平均39％で掛けふとんの約四割を占めています。

二位は綿の掛けふとんで、春19・7％・夏16・9％、冬16・9％、年平均では18・1となっています。綿の薄掛けは、吸湿性を買われ春・夏に健闘、冬場では軽さに劣るものの14・3％と、保温性・吸湿性で合織のふとんに勝っています。

三位は合繊の掛けふとんで、保温性や軽さが支持され、春20・8%・夏13%、冬18・7%、年平均では17・1%となっています。掻巻フトンは、春・冬場の使用で70人中2名と僅かです。冷感素材の肌掛けは

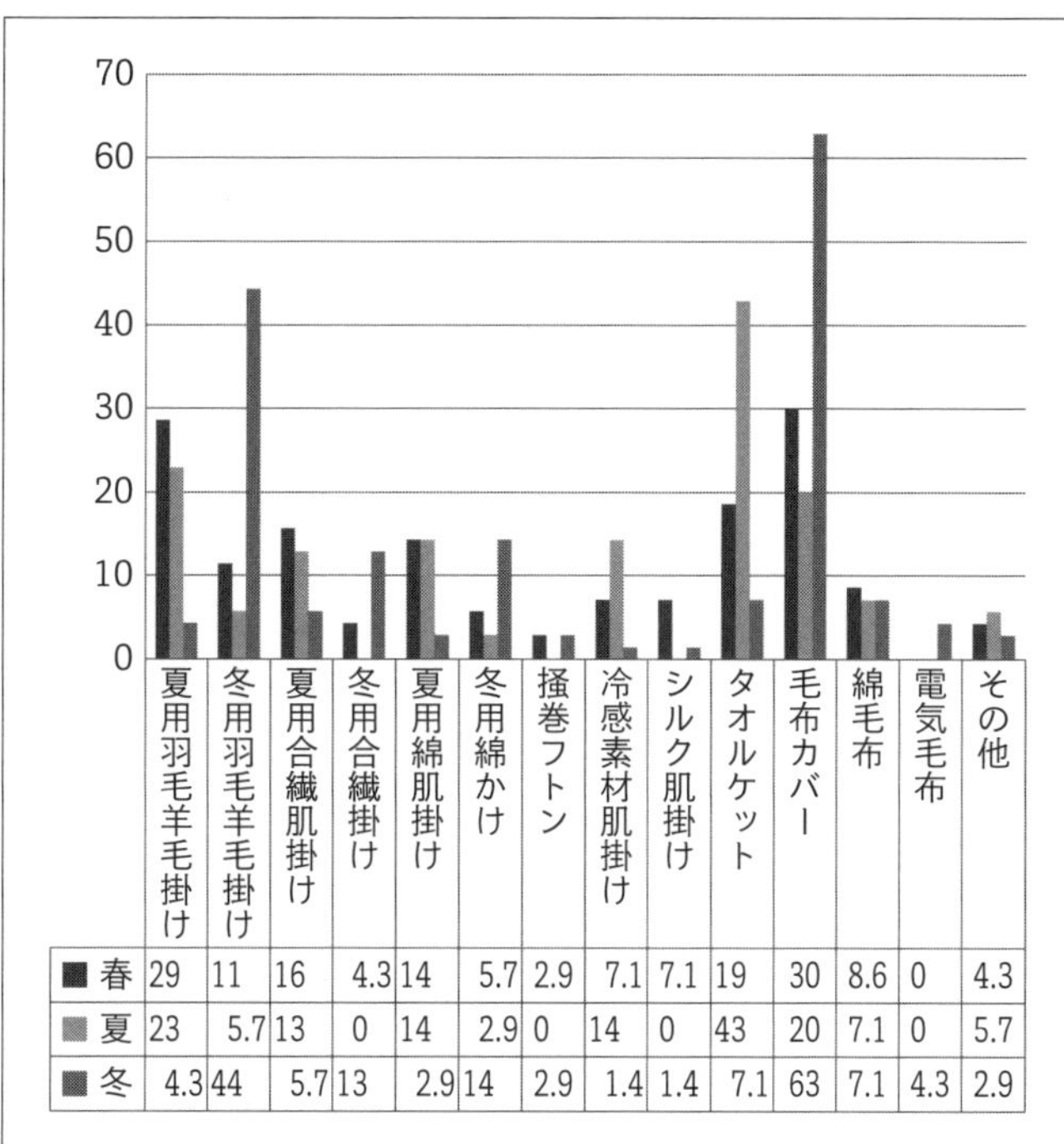


| | 夏用羽毛羊毛掛け | 冬用羽毛羊毛掛け | 夏用合繊肌掛け | 冬用合繊掛け | 夏用綿肌掛け | 冬用綿かけ | 掻巻フトン | 冷感素材肌掛け | シルク肌掛け | タオルケット | 毛布カバー | 綿毛布 | 電気毛布 | その他 |
|---|---|---|---|---|---|---|---|---|---|---|---|---|---|---|
| ■ 春 | 29 | 11 | 16 | 4.3 | 14 | 5.7 | 2.9 | 7.1 | 7.1 | 19 | 30 | 8.6 | 0 | 4.3 |
| ■ 夏 | 23 | 5.7 | 13 | 0 | 14 | 2.9 | 0 | 14 | 0 | 43 | 20 | 7.1 | 0 | 5.7 |
| ■ 冬 | 4.3 | 44 | 5.7 | 13 | 2.9 | 14 | 2.9 | 1.4 | 1.4 | 7.1 | 63 | 7.1 | 4.3 | 2.9 |

**図表12　洋室にふとん、掛け年間使用率（%）**

春・夏場多く使用され、タオルケットは夏場に多く利用されますが、季節の区別なく一年中利用されています。毛布の場合は、半数以上が冬場に、春には約三割近くの人が利用しています。綿毛布は年平均7・6%の割合で利用され、電気毛布は4・3%と圧倒的に冬場に多く利用されています。

敷ふとんの一位はマットレスで、春30%21人、夏32・9%23人、冬31・4%22人となっており年間の利用割合は31・4%22人となっています。

二位は、保温性・吸湿性に富む木綿の敷ふとんで、春24・3%17人、夏25・7%18人、冬25・7%18人、年間では25・2%18人と健闘しています。

三位は、合繊の敷ふとん・羊毛の敷ふとんで、年平均では同率で21・4％15人となっています。羊毛敷布団の場合は、春20％14人、夏21・4％15人、冬22・9％16が使用しています。合繊の敷ふとんは、春20％14人、夏22・8％16人、冬21・4％15となっています。敷ふとんの場合は、掛けふとんと違い季節によって替えることなく、一年を通じて同じ敷ふとんを利用しているケースが多いため、寝床の環境に応じた、寝具の機能を見極めながら使用する必要があります。

**寝具の「組み合わせ・使い分け」**

洋室にふとんで就眠する場合、掛けふとんの季節別「組み合わせ」は、利用率の高い順に左記のようになっています。

・室温５℃前後（冬）…毛布、冬用羽毛ふとん、冬用綿掛けふとん、冬用合繊掛けふとん、綿毛布、タオルケット、電気毛布
・室温25℃以上（夏）…タオルケット、羽毛肌掛け、毛布、綿肌掛け・冷感肌掛け、合繊肌掛け
・室温15℃前後（春や秋）…毛布、羽毛肌ふとん、タオルケット、合繊肌ふとん、綿肌ふとん、羽毛ふとん

このように、時季の室温に合わせて、冬用羽毛・木綿・合繊ふとんや肌掛けふとん・冷感肌ふとん・タオルケット・毛布などうまく組み合わせ寝床内気象を年間「33±１℃、湿度約50％」と一定にキープすることがとても大切になっています。

敷ふとんの場合は、掛けふとんのように季節によって替えることは少なく、一年中同じものを利用することが多くなっています。洋室にふとんで就眠するケースの場合も多くは、フローリングの上に羊毛敷ふとん、木綿の敷ふとん、合繊の敷ふとん、健康敷ふとん、マットレスのうち、いずれか一枚を敷き、その上に季節

に応じてシーツ・敷パット・冷感敷パット・電気敷毛布などを、重ねて使用するケースが多くなっています。敷ふとんの二枚敷きは極端に少ないのが現状です。

本件の場合も、春季における敷寝具の数は71枚に対して利用する人数は70人ですので敷寝具を二枚重ねて使用できるのは僅か1人のみであります。夏季においては、敷寝具78枚に対して利用する人数は70人でありますので8人のみ敷寝具を二枚重ねて使用しています。冬季においても、夏季と同様に8人のみ敷寝具を二枚重ねて使用し、残りの62人は、羊毛・木敷・合繊敷ふとん一枚にシーツか敷パット・冷感敷パット一枚ずつ重ね、フローリングの上に直接敷いて使っている状況が見て取れるのです。

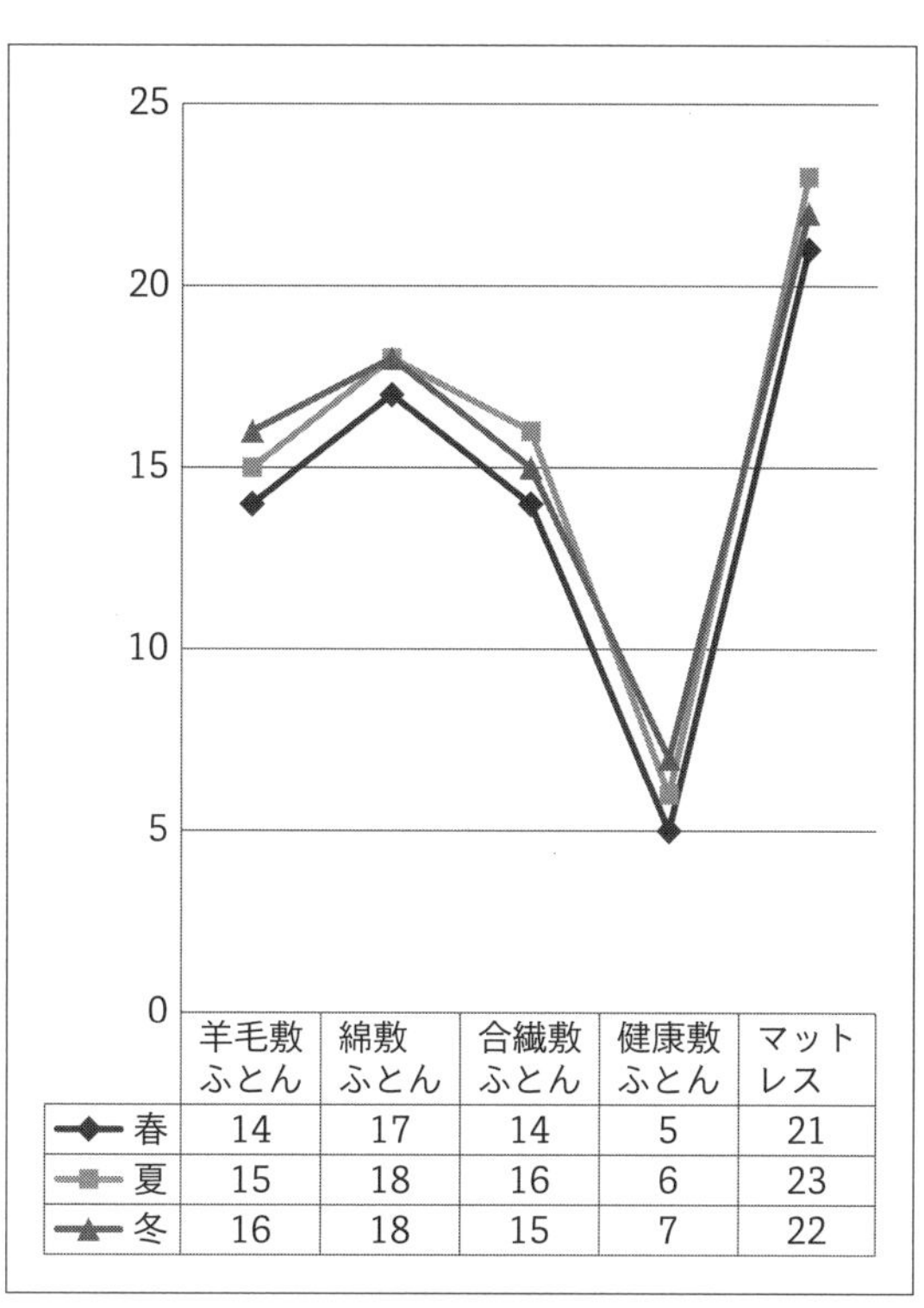


| | 羊毛敷ふとん | 綿敷ふとん | 合繊敷ふとん | 健康敷ふとん | マットレス |
|---|---|---|---|---|---|
| 春 | 14 | 17 | 14 | 5 | 21 |
| 夏 | 15 | 18 | 16 | 6 | 23 |
| 冬 | 16 | 18 | 15 | 7 | 22 |

図表13　種類別敷ふとんの使用人数、洋室にふとん

このように、フローリングに直接敷ふとんを敷いて就眠した場合、特に梅雨期や寒気の季節においては、体の熱で温められた敷ふとんと、冷たいフローリングなど床との間に温度差ができることで、敷布団の裏側とフローリングの表面に結露が生じ、カビが発生することが多くなっています。特に問題なのは、汗の吸湿

性に劣る合織の敷ふとんで、トラブルが多くなっています。この解決には、除湿マットが必須のアイテムとなっているのですが、本件の場合でも、その使用率は年換算6・6%、70人中僅か4・6人にすぎません。

また、季節別による敷寝具の種類は、利用率が高い順に、左記のようになっています。

・室温5℃前後（冬）…フローリングの上に、マットレス、木綿の敷ふとん、羊毛敷ふとん、合織敷ふとん、健康敷ふとんの内いずれか一枚を敷き、その上に敷パット、電気敷毛布を重ねて使用しています。

・室温25℃以上（夏）…フローリングの上、マットレス、木綿の敷ふとん、合織敷ふとん、羊毛敷ふとん、健康敷ふとんの内いずれか一枚を敷き、その上に冷感敷パットを重ねて使用しています。夏場においては、吸湿性の高い木綿の手作り敷ふとんと冷感の敷パットが優位に立っています。

・室温15℃前後（春や秋）…フローリングの上に、マットレス、木綿の敷ふとん、合織敷ふとん、羊毛敷ふとん、健康敷ふとんの内いずれか一枚を敷き、その上に敷パット・冷感敷パットを重ねて使用しています。

羊毛の敷ふとんは、男性では二十代が一位、二位の四十代、三位の五十代と並んでいます。比較的若い世代で支持層を広げています。女性では、三十代・四十代・五十代が同率で一位、十代・六十代・七十代同率で二位となっています。二十代を除き平均的に支持層を広げています。

木綿手作りのふとんは、男性では二十代一位、四十代・五十代が二位、六十代が三位と、十代の若者と七十代の高齢者を除き、平均的に支持層を広げています。

合織敷ふとんは、男性では四十代・六十代・七十代が同率で一位、十代・五十代が同率で二位、二十代・三十代が三位で平均的に支持層を広げています。女性の場合は、三十代が一位で、十代・二十代が同率で二位になっていますが、四十代から七十代までは全く利用されておりません。理由としてこれらの人たちは、保温性・吸放湿性に優れ軽い羊毛敷ふとんを利用しているものと考えられます。

# 四　現状における寝床環境の問題点

## （一）季節別ふとんの「組み合わせ、使い合わせ」の誤り

### 和室（畳）の寝床にふとんで就眠の場合（128名）

中緯度偏西風帯に位置する日本には明瞭な四季がありますが、冬は低温低湿、夏季は高温多湿となり梅雨や秋霖があります。このため、日本の伝統的木造住宅は開放的で蒸し暑い夏に過ごしやすいように出来ていました。

また、寝具においても先人たちは、温度・湿度を調節でき、保温性・吸湿性・放湿性・弾力性に富む、日本の気候風土にマッチした手作りの木綿ふとんや畳を考案し、発展させてきたのです。そのため、四季に応じて床内気候の温度を調節するために、寒い時には掛けや敷ふとんを二枚重ねにする、暑い時には、縮や麻の薄く小ぶりな夏掛けふとんを使うなど、季節に応じて寝具の「組み合わせ」や「使い分け」を行いながら寝床内気候を整え、安眠・快眠を得るための努力を惜しみませんでした。本調査「和室（畳）の寝床に和ふとんで就眠の場合（128名）」でも、大半の人たちは季節に応じ床内気候の温湿度を意識したふとんの「組み合わせ」や「使い分け」を実行しております。

しかし、一部の人たちには、夏場に冬の掛けふとんや電気毛布を使うなど、明らかに床内気候を無視した、誤ったふとんの「組み合わせ」や「使い分け」が明らかになりました。例えば、和室にふとんで就眠してい

る場合。春に、冷感敷パット、冷感肌掛けふとんを使用している人は計20人。夏に、冬用羽毛・羊毛ふとん、冬用合繊ふとん、冬用綿掛けふとん、電気毛布、電気敷毛布を使用している人は計15人、また冬に、夏用羽毛肌ふとん・羊毛肌ふとん、夏用合繊肌ふとん、夏用綿肌ふとん、冷感肌掛けふとん、冷感敷パットを使用している人が29人もいるのです。

このように、真夏においても、季節に応じた寝具の「組み合わせ」や「使い分け」をせず、夏に冬用の羽毛などの重寝具や電気毛布・電気敷毛布まで利用している人たちなど、明らかに異常と認めざるを得ないケースは、和室にふとんで就眠している人１２８人中44人、割合にして34・３％もいます。違和感のある春季の人数20人を含めると64人、割合にして実に50％となっているのです（**図表14**）。

**洋室（フローリング）の寝床にベッドで就眠の場合（２０２名）**

フローリングにベッドで就眠の場合、大半の人たちは季節に応じた床内気候の温湿度を意識したふとんの「組み合わせ」や「使い分け」を実行しております。しかし、一部の人たちには、真夏においても寝具の「組み合わせ」や「使い分け」をせず、24人は冬用の羽毛や合繊・綿の掛けふとんを使い、５人が電気毛布や電気敷毛布まで利用しています。33人は、冬季においても夏用の肌掛けを使い、８人は冷感肌掛けや冷感敷パットまで利用しているのです。明らかに誤用と認められる人は、２０２人人中70人、割合にして36・6％もいます。違和感のある春季の人数25人を含めると95人、割合にして47％となっています（**図表15**）。

**洋室（フローリング）の寝床にふとんで就眠の場合（70名）**

洋室の寝床にふとんで就眠した場合、大半の人たちは季節に応じ床内気候の温湿度を意識したふとんの

**図表14　和室にふとん、季節による寝具の「組み合わせ・使い分け」の誤用**

| | 春季 | | 夏季 | | | | | 冬季 | | | | | 合計 |
|---|---|---|---|---|---|---|---|---|---|---|---|---|---|
| 年代別 | 冷感敷パット | 冷感肌掛け | 冬用羽毛・羊毛 | 冬・合繊掛け | 冬・綿掛け | 電気毛布 | 電気敷毛布 | 夏用羽毛羊毛 | 夏、合繊肌 | 夏用綿肌ふとん | 冷感肌ふとん | 冷感敷パット | 128人中 |
| 10 | 1 | 1 | | | | | | 1 | | 1 | | 1 | 5 |
| 20 | 2 | 1 | | | | | | 1 | | 2 | 1 | | 7 |
| 30 | | 1 | | 1 | | | 1 | | | 2 | | | 5 |
| 40 | | | 2 | 1 | 2 | 1 | 1 | 3 | 1 | 2 | | | 13 |
| 50 | 3 | 1 | 3 | | | | | 3 | 1 | | | | 11 |
| 60 | 4 | 1 | | | | | | 1 | 1 | 1 | | 1 | 9 |
| 70代以上 | 3 | 2 | 2 | | | | 1 | 3 | | 1 | 1 | 1 | 14 |
| 合計 | 13 | 7 | 7 | 2 | 2 | 1 | 3 | 12 | 3 | 9 | 2 | 3 | 64 |

**図表15　洋室にベッド、季節による寝具の「組み合わせ・使い分け」の誤用**

| | 春季 | | 夏季 | | | | | 冬季 | | | | | 合計 |
|---|---|---|---|---|---|---|---|---|---|---|---|---|---|
| 年代別 | 冷感敷パット | 冷感肌掛け | 冬用羽毛・羊毛 | 冬・合繊掛け | 冬・綿掛け | 電気毛布 | 電気敷毛布 | 夏用羽毛羊毛 | 夏、合繊肌 | 夏用綿肌ふとん | 冷感肌ふとん | 冷感敷パット | 202人中 |
| 10 | 2 | 5 | 4 | | 1 | | 1 | 1 | 2 | 1 | 2 | | 19 |
| 20 | 2 | | 4 | 1 | 1 | 1 | | 4 | 5 | 2 | 1 | | 21 |
| 30 | 2 | 2 | | | | | | 1 | | | | 1 | 6 |
| 40 | 1 | | 1 | | 1 | | | 3 | | | | | 6 |
| 50 | 2 | 1 | | | 1 | | 1 | 3 | | 1 | | | 9 |
| 60 | 2 | 1 | 5 | 2 | 1 | 1 | | 2 | 1 | | 1 | 2 | 18 |
| 70代以上 | 2 | 3 | 1 | 1 | | | 1 | 5 | | 2 | | 1 | 16 |
| 合計 | 25 | | 24 | | | 5 | | 19 | 8 | 6 | 4 | 4 | 95 |

**図表16　洋室にふとん、季節による寝具の「組み合わせ・使い分け」の誤用**

| | 春季 | | 夏季 | | | | | 冬季 | | | | | 合計 |
|---|---|---|---|---|---|---|---|---|---|---|---|---|---|
| 年代別 | 冷感敷パット | 冷感肌掛け | 冬用羽毛・羊毛 | 冬・合繊掛け | 冬・綿掛け | 電気毛布 | 電気敷毛布 | 夏用羽毛羊毛 | 夏、合繊肌 | 夏用綿肌ふとん | 冷感肌ふとん | 冷感敷パット | 70人中 |
| 10 | | 1 | | | | | | | 1 | | | 1 | 3 |
| 20 | | 1 | 3 | | 2 | | | | | | | 1 | 7 |
| 30 | | 1 | | | | | | 1 | 1 | | | | 3 |
| 40 | | 1 | | | | | | 1 | | | | | 2 |
| 50 | | 1 | 1 | | | | | 1 | | 1 | | | 4 |
| 60 | | | | | | | | | 2 | 1 | 1 | | 4 |
| 70代以上 | | | | | | | | | | | | | |
| 合計 | 0 | 5 | 4 | 0 | 2 | 0 | 0 | 3 | 4 | 2 | 1 | 2 | 23 |

「組み合わせ」や「使い分け」を実行しております。しかし、一部の人たちには、真夏においても寝具の「組み合わせ」や「使い分け」をせず6人は、冬用の羽毛や合繊・綿の掛けふとんを使用しています。9人は、冬季においても夏用の肌掛けを使い、3人は冷感肌掛けや冷感敷パットまで使用しているのです。明らかに誤用と認められる人は、70人中18人、割合にして25・7%もいます。違和感のある春季の人数5人を含めると23人、割合にして32・8%となっています（**図表16**）。

## (二)　睡眠環境の劣化

### ふとんの日干しをしない

ふとんを日に干す習慣は、エアコン以前の古くから行われていました。理由は「布団を清潔に保つため」です。ふとんは人が寝るたびに、コップ1杯分の寝汗を吸収していると言われています。そのため、敷ふとんはかなり湿度が高い状態になり、重くなっています。定期的に乾燥させたり、日光にあてて除菌したりすることで、ふかふかになって綿は甦り、清潔な布団が保てるのです。

また、湿気を帯びて雑菌が繁殖し汗臭い嫌な臭いも紫外線の力で断つことができ、ダニの繁殖を抑える効果もあります。では、現実にふとんの日干し頻度はどうなっている

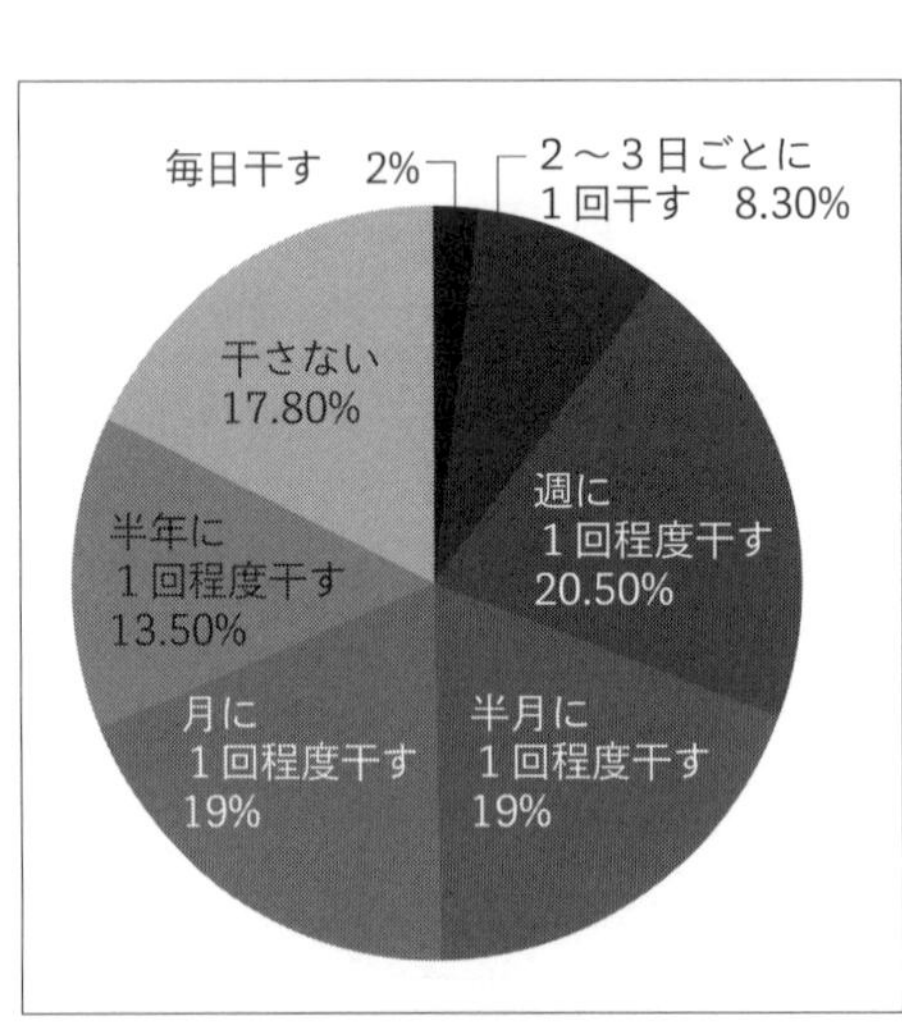


**図表17　ふとんを干す頻度**

のでしょうか。

エアコンの普及率も92％を超えるようになった現在、一年中外の気候や季節に関係なくエアコンで適温に設定された気密性の高い寝室では、完全に季節感を失った感があります。

現在そのような就寝環境において、ふとんの手入れはどうなっているのか。その結果、どのような問題が発生しているのかを把握するため、ふとんの手入れ（ふとんを干す回数）について調査しました。

その結果、エアコン以前のように毎日干すは2％8人、二〜三日に一回程度干す8・3％33人、週に一回程度干す20・5％82人、半月に一回程度干す19％76人、月に一回程度干す19％76人、半年に一回程度干す13・5％55人、干さない17・8％71人となっています。

特筆すべきは、設問の中で、ふとん乾燥機の使用も含むと断っているにもかかわらず、毎日干す、二〜三日ごとに一回程度干すは、僅か全体の一割程度にすぎません。さらに問題なのは、ふとんの手入れを行っているとはいえない、半年に一度程度干す・干さないを含めると、４００人中31・1％１２５人の存在です。この割合を年代別に見てみると、十代23・2％13人、二十代33・4％19人、三十代45・6％26人、四十代27・6％16人、五十代37・9％22人、六十代24・6％14人、七十代以上26・3％15人となっています（**図表18**）。

三十代では約五割近く、高齢者でも約三割近く人が、寝室の窓を締め切り換気もないまま、寝汗で湿気を帯びたふとんを日に干すこともせず、万年床に近い非衛生的な就眠環境の中で、体を休めているという現状が明らかになったのです（**図表19**）。

また、傾向的に性別で大きな違いはありませんが、年に一回もふとんを干したことがないでは、順位が女性より男性のほうが高くなっています。半年に一度程度干すでは、順位が男性より女性のほうが高くなって

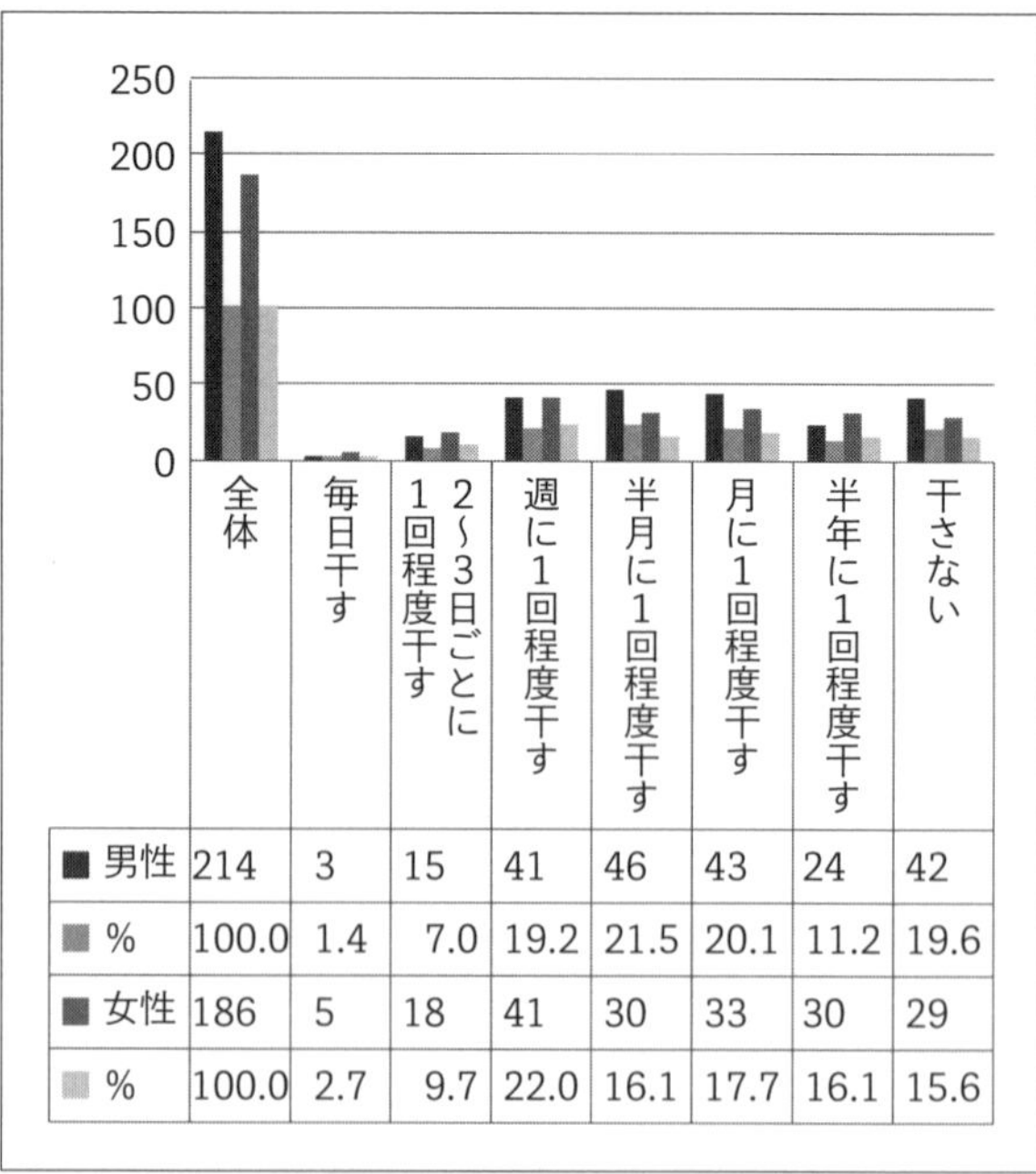


| | 全体 | 毎日干す | 2～3日ごとに1回程度干す | 週に1回程度干す | 半月に1回程度干す | 月に1回程度干す | 半年に1回程度干す | 干さない |
|---|---|---|---|---|---|---|---|---|
| ■ 男性 | 214 | 3 | 15 | 41 | 46 | 43 | 24 | 42 |
| ■ % | 100.0 | 1.4 | 7.0 | 19.2 | 21.5 | 20.1 | 11.2 | 19.6 |
| ■ 女性 | 186 | 5 | 18 | 41 | 30 | 33 | 30 | 29 |
| ■ % | 100.0 | 2.7 | 9.7 | 22.0 | 16.1 | 17.7 | 16.1 | 15.6 |

**図表18　性別、布団を干す回数**

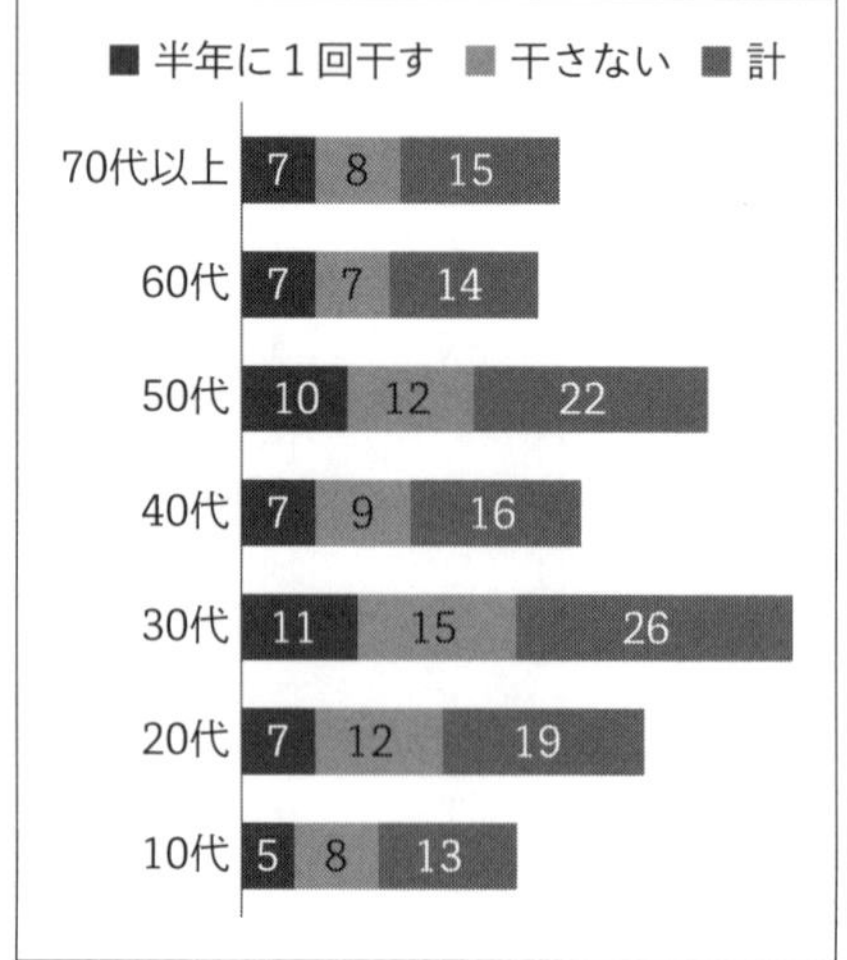


**図表19　年代別フトンを日に干す頻度(人)**

います。

現在においても、以前と変わらず日本の季節や気候に応じてふとんの「組み合わせ」「使い分け」を行い、寝汗を吸収して重くなったふとんを日向に干してふっくらと回復させ、安眠・快眠を得るために、ふとんの手入れを惜しまず、床内気候を重視して就眠している人も４００名中２７５人68・75％と約七割を占めています。

## 一年中、同じ敷ふとん・掛けふとんに寝ている

日本の気候風土は高温多湿なため、より良い睡眠には床内気候を整えるため、季節に合わせた寝具の使い分けが必要になっています。調査でも、四季別にすべて変えるは（男6・5％・女4・3％）22人で、全体の僅か5・5％にすぎません。また、夏用・冬用等、季節を二分して二種に分けて使用している（男54・2％・女54・3％）217人で、これら239人の人々は、従来のように季節によってふとんを使い分ける、良い風習を受け継いでいます。過度にエアコンを頼りにせず、季節に応じた寝床環境を保っています。

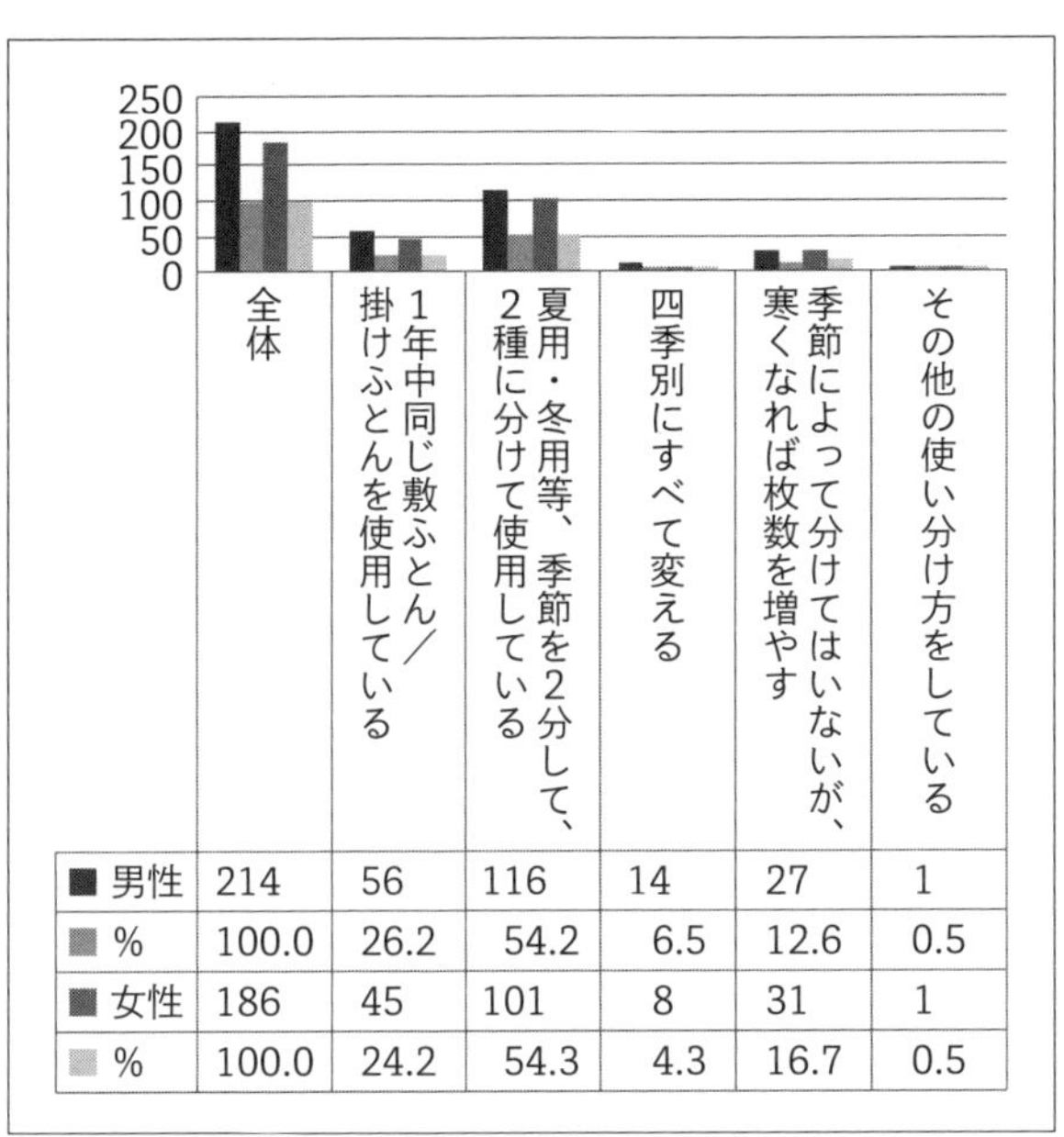


| | 全体 | 1年中同じ敷ふとん／掛けふとんを使用している | 夏用・冬用等、季節を2分して、2種に分けて使用している | 四季別にすべて変える | 季節によって分けてはいないが、寒くなれば枚数を増やす | その他の使い分け方をしている |
|---|---|---|---|---|---|---|
| ■ 男性 | 214 | 56 | 116 | 14 | 27 | 1 |
| ■ % | 100.0 | 26.2 | 54.2 | 6.5 | 12.6 | 0.5 |
| ■ 女性 | 186 | 45 | 101 | 8 | 31 | 1 |
| ■ % | 100.0 | 24.2 | 54.3 | 4.3 | 16.7 | 0.5 |

**図表20　性別、ふとんの使い分け**

一方問題なのは、季節によって分けてはいないが、寒くなれば敷ふとん・掛けふとんの枚数を増やす（男12・6％・女16・7％）58人がいます。以前から行ってきた、床内気候の保温を高めるための一手法ですが、春・夏場の対応に欠けていますので、エアコン頼りの就寝環境に変わりはありません。

さらに問題なのは、一年中同じ敷ふとん・掛けふとんを使用している（男26・2％・女24・2％）全体で25・3％男女合わせて101人の存在です。季節が変わっても同じ冬用の掛けや

| | 季節によって分けないが寒くなればふとんを増やす | 一年中同じ敷・掛けふとんを使用している |
|---|---|---|
| 70代以上 | 6 | 12.3 |
| 60代 | 14 | 19.3 |
| 50代 | 15.5 | 34.5 |
| 40代 | 13.8 | 27.6 |
| 30代 | 21.1 | 26.3 |
| 20代 | 15.8 | 29.8 |
| 10代 | 10.7 | 26.8 |

**図表21　一年中同じふとんを使用している（％）**

敷布団を使い、寝汗を吸収して重くなったふとんの日干しもせず、締め切った寝室に、敷きっぱなしの寝床で寝起きする姿が目に浮かびます。

どうしてこのようなことが起こるのでしょうか。それは、急速に進んだエアコンの普及率（92％）です。気密性・断熱性が高く、熱効率が向上した寝室全体を、自分の好みに合わせエアコンでコントロールできるようになりました。そのため、従来のように床内気候を一切気にすることなく、季節に応じたふとんの「組み合わせ」や「使い分け」も必要なくなり、同時に、ふとんを日に干して清潔を保つ良き習慣もなくなりました。

その結果、過度にエアコンに頼る就寝環境となっています。そのため、従来最も重視したふとんの持つ機能、すなわち、保温性・吸湿性・発散性・弾力性・軽さ・重さなど全く気にすることもなくなったのです。

そのため、寝ることさえできればふとんの質や機能など全く考える必要がなくなり、合繊の安価でリサイクルのできない量産既製ふとん「使い捨てふとん」で十分に間に合うようになったのです。その結果、ふとんの劣化に気付くこともなく睡眠の障害など、新たな問題も起こっています。

## 使用しているふとんの不満

現在使用している敷ふとんについて、不満な点を調査しました。サンプル数４００名の内、不満のない人は２５９名でした。残りの１４１名35・25％の人は、現在使用している敷ふとんについて、以下の通り何らかの不満を抱いていることが判明しました。①へたって底付感がある15・３％61名、②弾力性がない・重すぎる同率の８・５％68名、③吸湿性が悪くじっとりする７・８％31名、④嵩高が適当でない６・３％25名、⑤感触が良くない３・８％15名となっています。

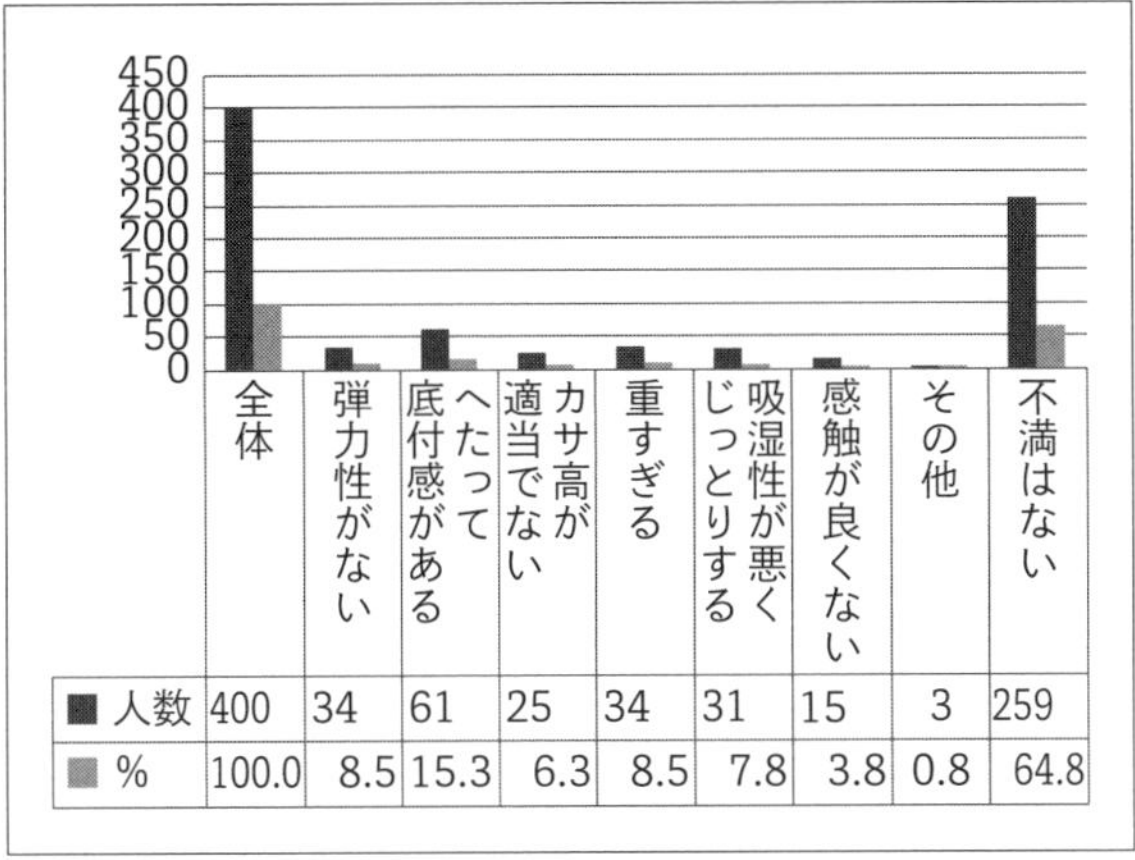


| | 全体 | 弾力性がない | へたって底付感がある | カサ高が適当でない | 重すぎる | 吸湿性が悪くじっとりする | 感触が良くない | その他 | 不満はない |
|---|---|---|---|---|---|---|---|---|---|
| ■ 人数 | 400 | 34 | 61 | 25 | 34 | 31 | 15 | 3 | 259 |
| ■ % | 100.0 | 8.5 | 15.3 | 6.3 | 8.5 | 7.8 | 3.8 | 0.8 | 64.8 |

図表22　敷ふとんの不満点（複数回答）

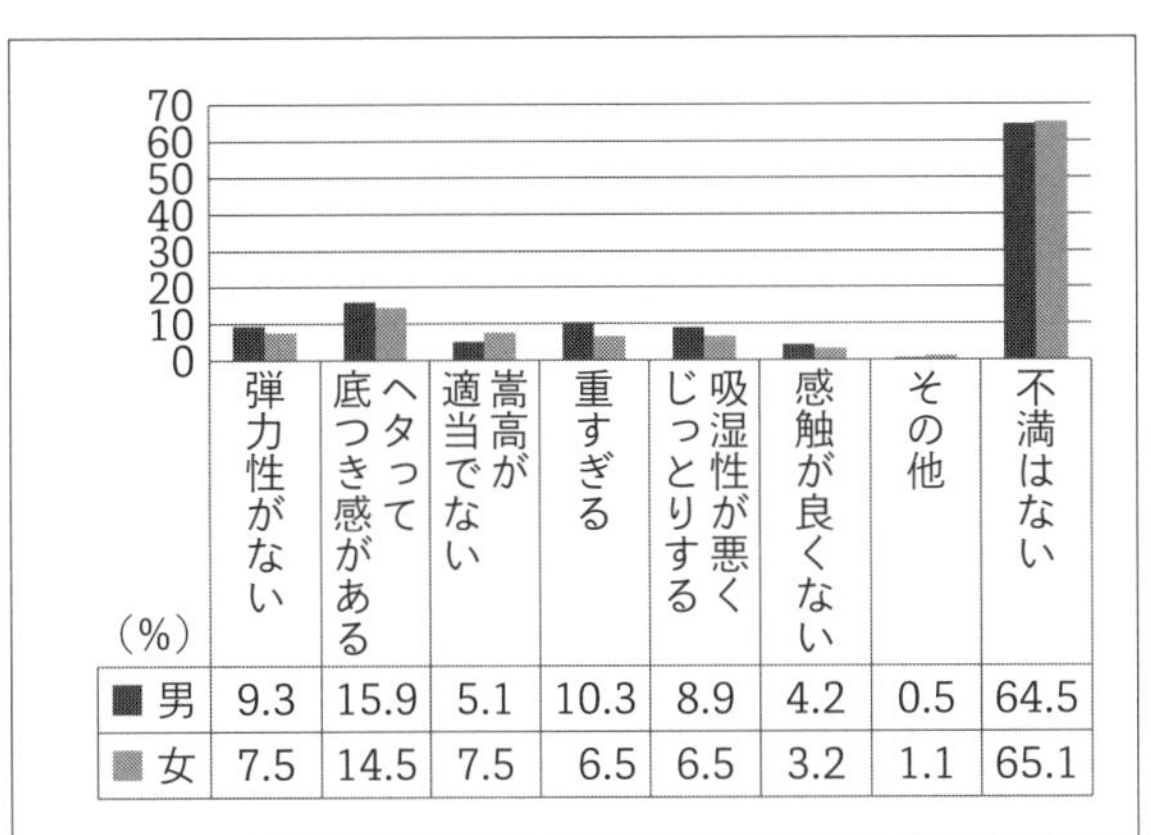


| | 弾力性がない | ヘタって底つき感がある | 嵩高が適当でない | 重すぎる | 吸湿性が悪くじっとりする | 感触が良くない | その他 | 不満はない |
|---|---|---|---|---|---|---|---|---|
| ■ 男 | 9.3 | 15.9 | 5.1 | 10.3 | 8.9 | 4.2 | 0.5 | 64.5 |
| ■ 女 | 7.5 | 14.5 | 7.5 | 6.5 | 6.5 | 3.2 | 1.1 | 65.1 |

図表23　性別、敷ふとんの不満点（複数回答）

男女別では、木綿敷ふとんの重すぎるが男性で高い割合を示すほかは、男女における不満の割合に大差はありません。不満の第一は、へたって底つき感があるとなっています。

価格が安いのが、一番の魅力である合

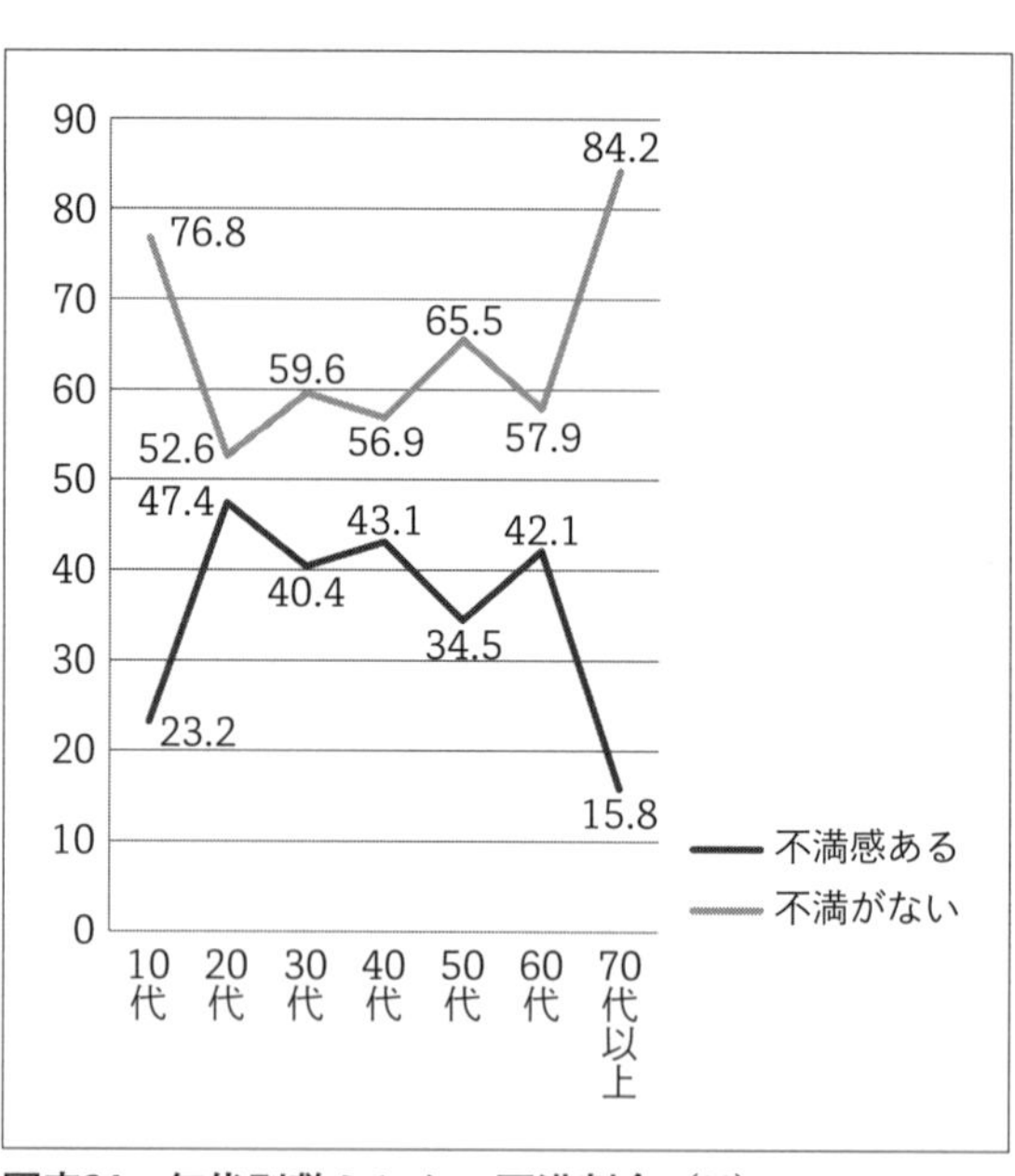

**図表24　年代別敷ふとんの不満割合（%）**

繊の既製敷ふとんは、軽く保温性も高いのが特徴となっています。その反面、合繊の既製ふとんは静電気を発生しやすく、敷は2・5kgと軽量仕立てになっています。経年使い込んでへたれば、湿気を帯びて煎餅のように薄くなり、木綿のふとんのように、日に干しても回復することはありません。そのため、底つき感を感じるようになり、保温力は極端に失われ寝具としての機能を果たせなくなってきます。

不満の第二は、弾力性がない・嵩高が適当でない、第三は、吸湿性が悪くじっとりする・感触が良くないと続いています。これらはすべて吸湿性に劣る化繊ふとん特有のもので、敷ふとんとしての機能を保持するために必要な素材の厚さや重さが極端に不足しているために起こる現象となっています。これに対して、木綿の手作り既製敷ふとんは敷ふとんの中綿6kg、リサイクルで8kgとなっています。目方・厚さともに特売品の二～三倍以上で、経年使い込んでも背中が痛いなど、底つき感はありません。特に木綿ふとんの場合は、寝汗を吸収して重くなったふとんを日に干すことによってふかふかと弾力性がよみがえり、吸収力がアップ。蒸れることなく爽やかな睡眠を約束してくれるのです。

年代別で不満の割合は、十代23・2%、二十代47・4%、三十代40・4%、四十代43・1%、五十代34・5%、六十代42・1%、七十代以上15・8%となっています。特筆すべきは、働き盛りの二十代で約五割、三十代から六十代にかけて、約四割以上の人たちが、現在使用している敷ふとんに何らかの不満を表しているという事実であり、懸念されるところであります。

しかし、年齢七十代以上の高齢者や十代の若者に限って見れば、不満の割合は20%内外の範囲にあり、敷ふとんに対する不満の程度は、極端に低くなっています。理由として七十代以上の高齢者の場合、幼いころから木綿のふとんで生まれ育ち、慣れ親しんだ世代であり、木綿ワタのファンであり愛着を持っている。したがって、合繊の既製ふとんには慣れていないのが主な理由と考えられるのです。また、十代では学生が多く、親の親権下にあります。寝具の選択は主体的に両親行が行い、子の意向は敷ふとんに反映されていないからと察することができるのです。

では、どうしてこのような敷ふとんの劣化が進み問題が多発するようになったのでしょうか。それは、価格の安さに表れています。同業他社との差別化を図るため、表の生地を綿からポリエステル１００%に質を落とし、合繊敷ふとんの中綿を4kgから3kgへと、更に2・5kgと減らして中綿を節約し、ふとんとして果たすべき機能をそぎ落としながら、品質破壊が進んでいるからに他なりません。そのため、某大手ネット販売において、掛けふとん・敷ふとん・枕・収納ケースの４点セット送料無料で、税込2,９８０円（２０２１・８・９）など、国産のふとんカバー一枚の価格で常に乱売しており、ふとんは全く価値のないものに下落してしまいました。[47]そのため、ふとんはいつでも「安く買うもの」「安く買って使い捨てるもの」となり、それが広く深く浸透し、消費習慣となって常に安いふとんを買いあさり、捨てるようになっているからです。

結果として、資源の浪費に止まらず、寝床環境の劣化は睡眠の障害を誘い、ふとんの粗大ごみ「使い捨てふとん」を量産しているのです。千円刻みでランクアップした組布団を販売いたしておりますが、商品は全てリサイクルのできない吸湿性の悪いポリエステルの合成繊維の商品となっています。

## ふとんにお金をかけたくない・関心がない

木綿の手作りのふとんが、主流であった戦前戦後の昭和35（1960）年頃までは、ふとんの綿は高価で財産的価値すらありましたから、家族のふとんは自分たちで作るのが一般的でした。家族一人一人の好みに合わせて生地を選び縫製し、季節に応じたふとんの重さ・大きさ・厚さを加減しながら、綿切れが起きないよう真綿引きなど、家族の手を借りながら丁寧に時間をかけて作っていたのです。そのため、エアコン以前の寝具はすべて、保温力が高く吸湿性・弾力性の高い木綿の手作りのふとんが重宝されていたのです。

このように、安眠を司るふとんには、大変な関心と労力とお金を投資したのです。さらに、一週間に一回程度は寝汗を吸収して重くなったふとんを日向に干してふっくらと回復させ、安眠・快眠を得るための手入

| | 全体 | 余裕があればもう少しお金をかけたい | 質を重視したい | 健康を重視したい | 関心がない | なるべくお金をかけたくない | その他 |
|---|---|---|---|---|---|---|---|
| 人数 | 400 | 134 | 146 | 143 | 40 | 67 | 2 |
| % | 100.0 | 33.5 | 36.5 | 35.8 | 10.0 | 16.8 | 0.5 |

**図表25　寝具についての考え（複数回答）**

れや衛生に気配りを欠かすことはありませんでした。四〜五年使用してふとんが固くなったような場合でも、ふとんをリニューアル「打ち直し」をして再利用し、現在のようにふとんを「ゴミ」として廃棄することは絶対にありませんでした。

しかし、現在出回っているふとんの大半は海外で量産された合繊の既製ふとんが多くを占め、市場経済（価格競争）の効果で乱売が続き、日常的に価格は下落し更新を続けております。その結果、消耗品の使い捨て感覚で手軽にいつでもどこでも購入できるようになり、エアコン以前に比べふとんは、すっかり価値を失ってしまいました。そのため以前の価値ある木綿ふとんのように、眠りやふとんに対する愛着や拘りや関心も極端に薄れ、「ふとんには関心がない」「ふとんにはお金をかけたくない」など、ふとんに対する無知・無関心・無頓着の人たちが世代を越えて大勢生まれるようになったのです。

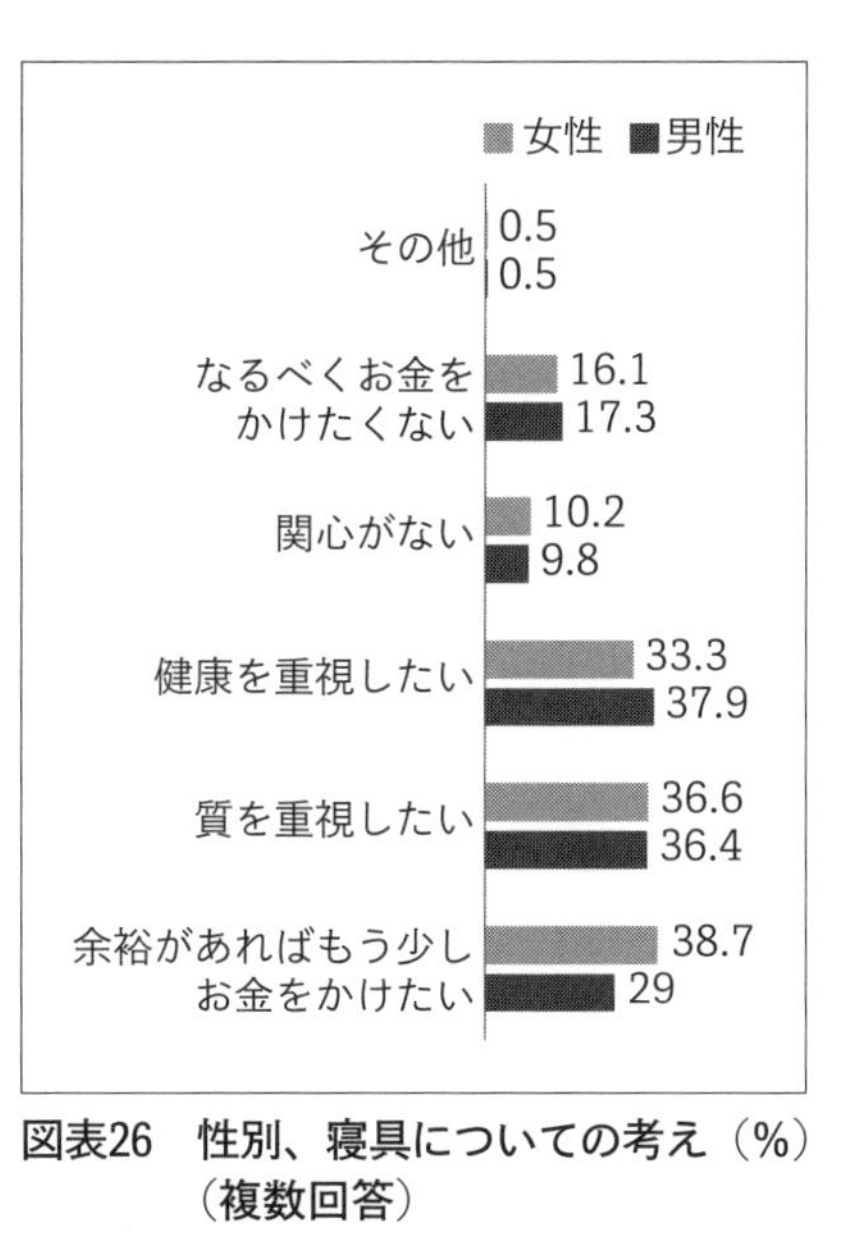


**図表26　性別、寝具についての考え（%）（複数回答）**

そのため現在、寝具に対してどのように考えているのか、聞くことにいたしました。割合の多い順に①ふとんの質を重視したい全体36・5%、②健康を重視したい全体35・8%、③余裕があればもう少しお金を掛けたい全体33・5%となっています。各項目の割合には男女間に大差はなく拮抗していますが、余裕があればもう少しお金を掛けたいについては、特に女性において関心が高いのが分かります。このように400人中293人の人たちは、現在使用している寝具に何らかの不満を抱いており、健康のためできることなら質の良い寝具に替え、寝床環境を改善したいと、睡眠の質を高めるための対策を考えている意欲的な人たちが存在するのも事実です。

しかし一方、④寝具にはなるべくお金をかけたくない全体16・8%、(男17・3%、女16・1%)。⑤関心がない全体10%(男9・8%、女10・2%)など、400人中107人の人たちは、睡眠や寝具に全く興味や関心を示しておりません。季節が変わってもふとんの「組み合わせ」や「使い分け」をせず、一年中同じ掛けふとん・敷ふとんを使用し、一度もふとんを日に干したことがないなど、ふとんや睡眠に対する無知・無関心・無頓着を貫き、不適性な寝床環境の中で寝起きし、睡眠障害を訴えている人たちの存在があります。

## (三) エアコンの依存症

### 夏場におけるクーラーの依存症

日本は高温多湿で四季があり、地域差があります。夏の高温高湿、冬の低温低湿、東日本と西日本では選ぶべき寝具が違ってきます。そのため、快適な寝床環境の形成には四季の変化や地域の環境に応じた寝具を適切に組み合わせ使用する必要があるのです。そのふとんの快適性の内容は、①寝床内気候、②体圧、③健康・衛生、④耐久性、⑤取り扱いやすさなどがあげられますが、人の精神的肉体的状態や、寝室の温度や湿度、光や騒音などの環境要件と共に、特に重要なのが、寝具の水分や熱の移動に関わる寝床内気候であります。寝床内気候とは、人体とふとんとの間の、温度、湿度を含めた局所的な気候を指しています。

寝床内気候を常に快適に保つためには、ふとんが寝室の温度や湿度に応じて、人体からの熱や汗を吸収し、移動、発散又は遮断する調節機能を持つ必要があります。望ましい寝床内温度は背中と敷布団の間で33±1

度だとされています。[48]

寝床内の温度はどの季節も大きな変化は見られませんが、湿度には大きな変動が見られます。真夏には敷ふとんと背中が接する部分の相対湿度が90％を上回ります。[49] 快適に睡眠できる理想的な湿度は、50±5％程度となっています。

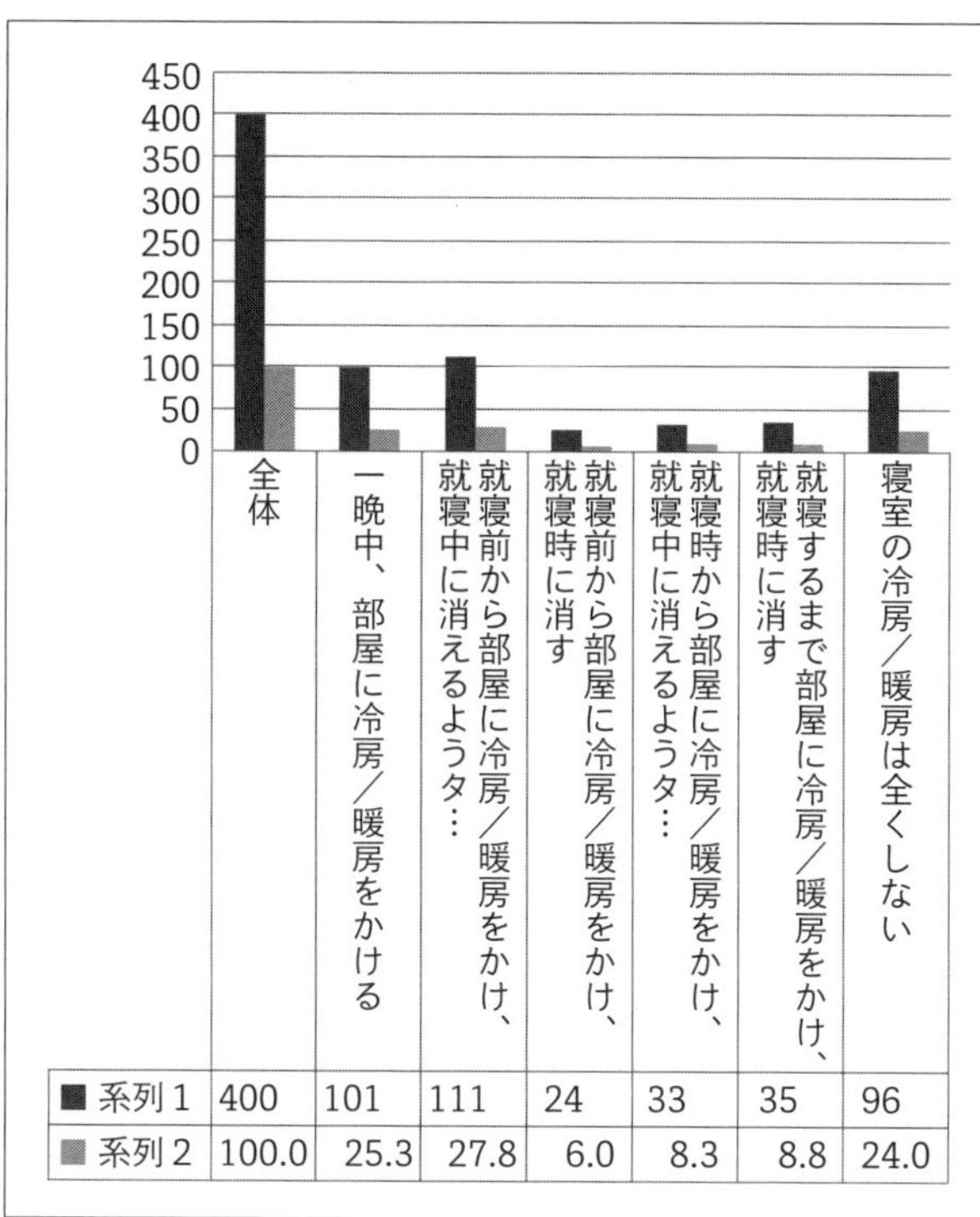


| | 全体 | 一晩中、部屋に冷房／暖房をかける | 就寝前から部屋に冷房／暖房をかけ、就寝中に消えるようタ… | 就寝前から部屋に冷房／暖房をかけ、就寝時に消す | 就寝時から部屋に冷房／暖房をかけ、就寝中に消えるようタ… | 就寝するまで部屋に冷房／暖房をかけ、就寝時に消す | 寝室の冷房／暖房は全くしない |
|---|---|---|---|---|---|---|---|
| ■系列1 | 400 | 101 | 111 | 24 | 33 | 35 | 96 |
| ■系列2 | 100.0 | 25.3 | 27.8 | 6.0 | 8.3 | 8.8 | 24.0 |

**図表27　暑さのピーク時の冷房の使い方**

エアコン以前の就寝環境は、快眠を司る寝床内気候の温度と湿度を調整するため、季節ごとにふとんの「組み合わせ」や「使い分け」を行い、寒い時には掛けふとんや敷ふとんを1枚増やし、暑い時には窓を開け、風通しを良くし夏掛けやタオルケット、扇風機を使用するなどして、快眠できる寝床内環境に工夫を凝らしてきました。

しかし現在の寝室は、気密性や断熱性の高い構造で、エアコンの効率が格段にアップしています。窓を閉めきって外気を絶ち、エアコンにより温度や湿度を自由にコントロール

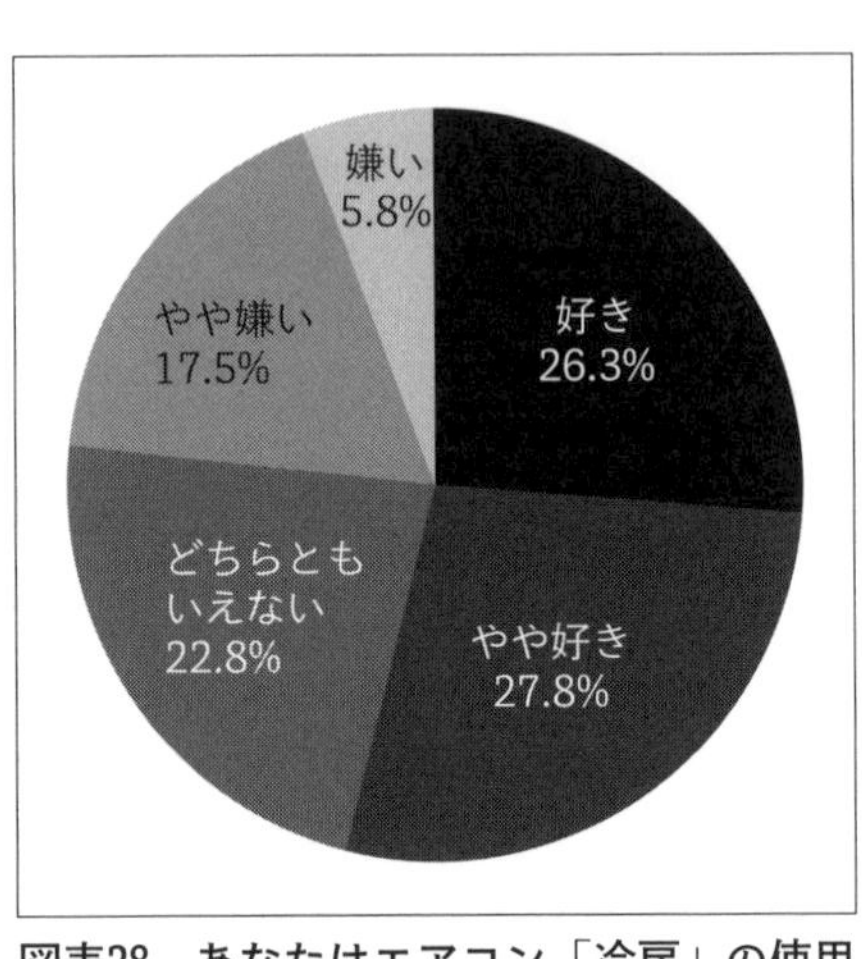


**図表28　あなたはエアコン「冷房」の使用が好きですか。（n＝400）**

できるようになりました。

では現在、蒸し暑い夏の温熱環境下における睡眠において、クーラーの利用率はどうなっているのでしょうか。

比率の多いのは、冷房のやや好きな方で就寝前から冷房をかけ、就寝中に消えるようにタイマーをかける人たちが27・8%、１０１人います。懸命な対策をとっている方たちです。壁や家具などの輻射熱を避けるため特に熱帯夜では、睡眠前半に冷房を付けて冷やすことが重要であります。睡眠前半で、寝床内気候や寝室が快適な温湿度になっていれば、睡眠全般に生じる体温低下や徐波睡眠の出現が妨害されることが無いからです。睡眠後半に冷房を付けていなくても、早朝の最低体温時付近になれば、気温が低下して熱帯夜でも比較的過ごしやすく、睡眠後半は概日リズムに従って体温が上昇するため、比較的快適に目覚めることができるのです。[50]

次に、冷房の使用が嫌い、やや嫌いな人たちで健康に気を配り、昔のようにエアコンに頼らず、季節に合ったふとんの種類を選び、ふとんの「組み合わせ」「使い分け」を上手に行い、ふとんをまめに日に干して清潔を保ち、床内気候を整えることで快眠を心がける人たちで全体の四分の一の23・3%、93人もいます。窓を開け、風通しを良くし、扇風機を上手に活用している人たちで、冷房を上手に活用している人と合わせ４００人中２０４人、51%で半数以上を占めています。寝室内及び寝床内環境の温湿度を常に意識し、健康に気配りする人たちです。しかしその一方、蒸し暑い夏の夜に一晩中冷房をかけて睡眠する（男22・9%、

**図表29　エアコンの普及率と合繊ふとんの輸入枚数及び使い捨てふとんの枚数**

| 年度 | 2007 | 2011 | 2014 | 2017 | 2018 |
|---|---|---|---|---|---|
| エアコンの普率（%） | 88.6 | 89.2 | 90.6 | 91.1 | 92.1 |
| 合繊寝具輸入量（枚） | 7,790,000 | 12,950,000 | 14,490,000 | 17,890,000 | 19,133,881 |
| ふとんの粗大ごみ江戸川区（枚） | 43,038 | 50,468 | 56,501 | 64,545 | 63,386 |

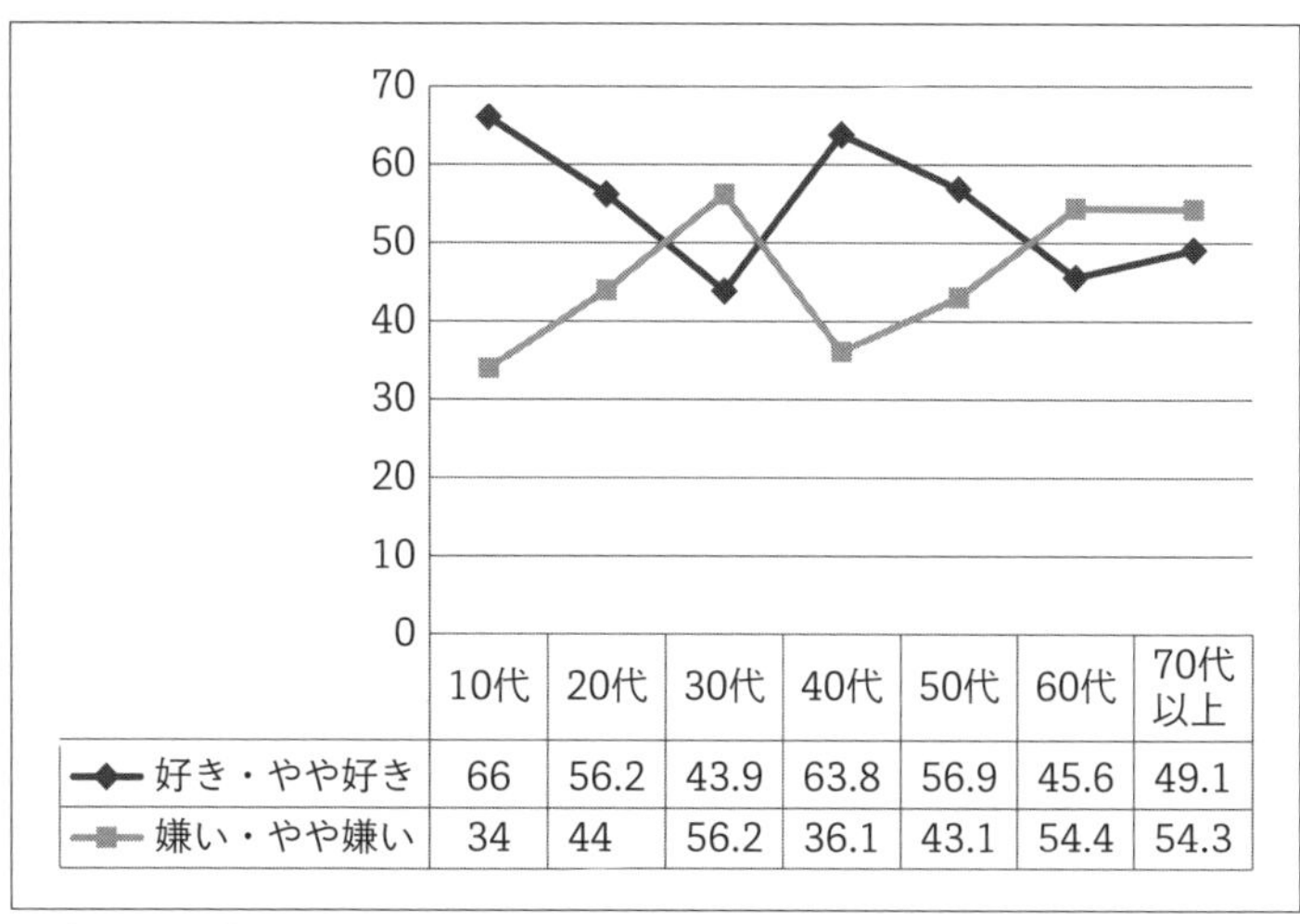


|  | 10代 | 20代 | 30代 | 40代 | 50代 | 60代 | 70代以上 |
|---|---|---|---|---|---|---|---|
| 好き・やや好き | 66 | 56.2 | 43.9 | 63.8 | 56.9 | 45.6 | 49.1 |
| 嫌い・やや嫌い | 34 | 44 | 56.2 | 36.1 | 43.1 | 54.4 | 54.3 |

**図表30　年代別冷房の好き嫌い（%）**

女28%）全体で25・3%、101人の冷房が好きな方たちがいます。季節が変わっても夏掛けや肌掛け・タオルケットなど、寝具の質・種類・機能や寝床内気候など、全く気に留めることはなく、クーラーを頼りに寝起きする人たちの存在があります。

寝室内の温度湿度は一晩中クーラーでコントロールできるため、ふとんは寝起き出来る程度の機能さえあればそれで良く、合繊の安くて便利な輸入既製ふとん「使い捨て」で十分に間に合うようになったのです。その顕著な例が、エアコンの普及率、合繊既製輸入寝具実績、粗大ごみ（使い捨ての布団）の量との相関関係から推察することができるのです。

**図表29**は、エアコンの普及率と合繊ふとんの輸入量、それによって捨てられる布団の量を表したものです。それによると、２００７年エアコンの普及率は88・６％でありました。その年の合繊ふとんの輸入量は７７９万枚で、江戸川区で焼却処分したふとんの量は年間4万３０００枚でした。それが２０１７年エアコンの普及率が91・１％になりますと、一気に合繊ふとんの輸入量は１７８９万枚と激増し、それにつれてふとんの焼却処分量も６万４０００枚と増加傾向をたどり、遂に２０１８年には輸入既製合繊寝具が１９１３万枚、羽根・羽毛の輸入が２２６万枚、合計２１７３万枚の大台に乗るようになり、リサイクルのできる従来型木綿ふとんのシェアは低下の一途をたどっています。

結果として、エアコンの普及と、輸入合繊既製ふとんの日常的に繰り広げられる価格破壊により、安価なポリエステルふとんの普及に弾みがつき、一年中同じ敷ふとんや掛けふとんで寝起きする人たちの限りない増加を生みだしています。そのため、季節によるふとんの「組み合わせ」や「使い合わせ」「日干し」もなくなり、夏掛けふとんやタオルケットなど、季節商品の販売は大きく減少傾向をたどっています。

このような傾向は、冷房の好きな人たち十代の66％、二位四十代63・８％、三位五十代59・９％、四位二十代の56・２％と比較的若い世代で多くなっていますが、六十代・七十代の高齢者においても、安い・軽い・暖かいなどの理由でポリエステルふとんの利用者は広がりを見せています。しかし、三十代・六十代・七十代以上の人たちは健康上の理由からクーラーの利用に慎重になっています。

また、寝室における、エアコンの使用（冷房）について、エアコンが好きと答えなかった１８４人について、嫌いな理由十問を答えていただきました。

①頭痛がするからと答えた人は、男性で三十代の18・２％、六十代の４・３％で頭痛を訴える割合は少ない。

これに対して女性では、四十代の30・8％、十代の28・6％、五十代の25％と続いており、頭痛の割合は女性に多くなっています。

②風邪をひくからは、二十代男性の50％、六十代の13％、女性では六十代の50％、二十代の21％とばらつきがあるものの、総じて風邪に対する関心度は女性の方が多くなっています。

③体がだるくなるからは、男性四十代の62・5％、六十代の34・8％、三十代の27・3％で、女性では、二十代の47・4％、四十代の46・2％、六十代の37・5％と続いています。男女とも年齢にとらわれず、総じて20％以上の人は、体がだるくなると訴えています。

④関節が痛くなるからでは、男性六十代13％、七十代以上4・3％若い世代は皆無であります。女性六十代25％、五十代8・3％で、関節痛は男女共高齢者に多くなっています。

⑤寒すぎ・冷えすぎるからは、男性の五十代53・8％、四十代50％、十代40％、女性四十代の46・9％、三十代の61％、それ以外の世代では約50％となってい

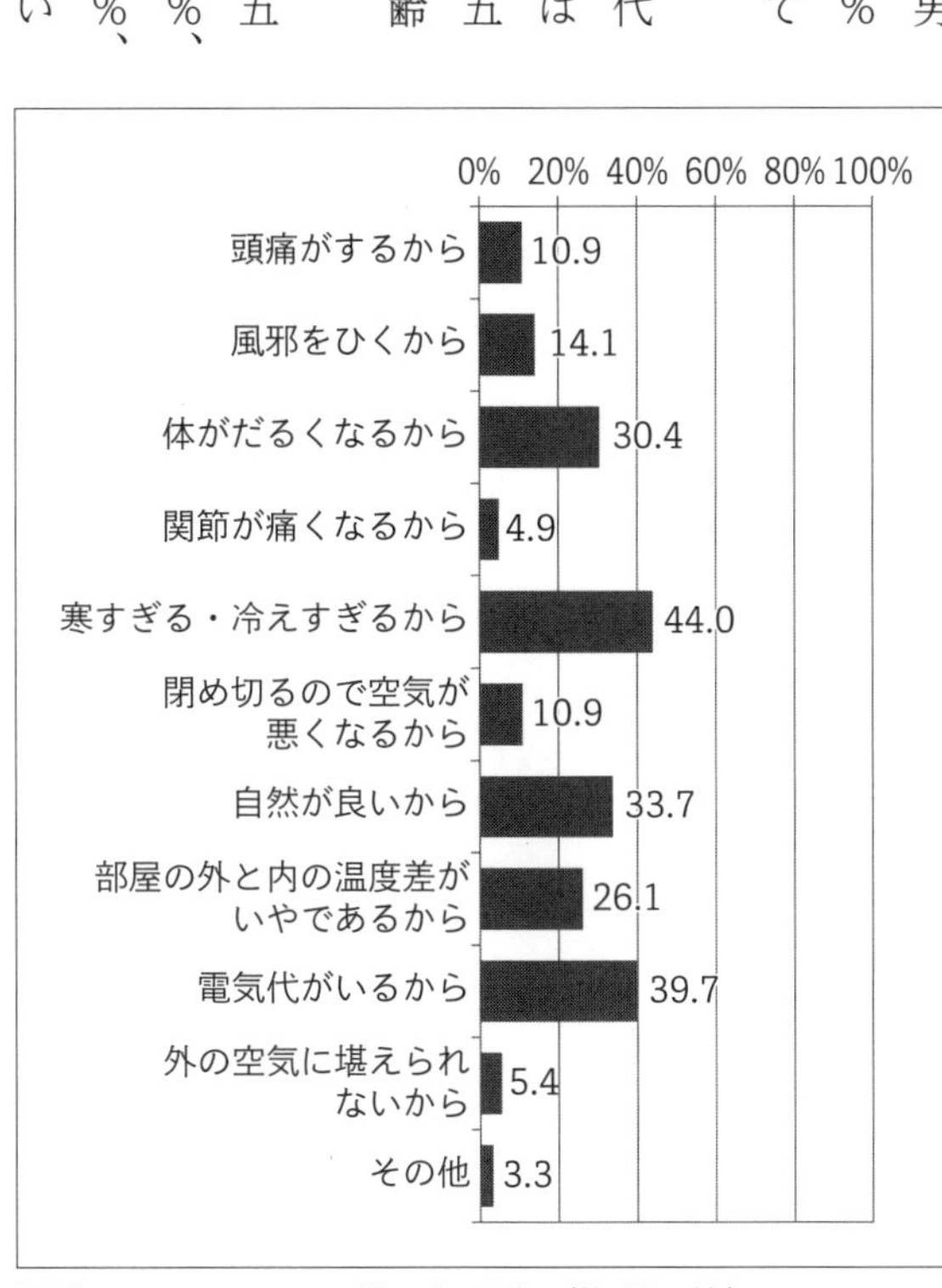


**図表31　エアコンの嫌いな理由（複数回答）**

ます。寒すぎ・冷え過ぎを感じる人は、女性が圧倒的に多くなっています。
⑥閉め切るので空気が悪くなるからでは、男性で七十代以上の26・1％、十代の20％、女性では二十代の15・8％、四十代の15・4％で、男性では若い世代と高齢者、女性では若年層で関心が高くなっています。
⑦自然が良いからでは、男性の五十代53・8％、七十代以上52・2％、六十代39・1％、女性では七十代以上50％、六十代37・5％、四十代30・8％であり男女共、高齢者で関心が高くなっています。
⑧部屋の外と内の温度差がいやであるからでは、男性四十代50％、十代40％、三十代30・4％、女性では、六十代50％、七十代37・5％となっています。男性では若い人たちが、女性では六十代以上の高齢者で温度差に敏感になっています。
⑨電気代がいるからでは、男性二十代66・7％、六十代47・8％、十代40％、女性では、二十代57・9％、十代50％、四十代46・2％で、総じて若年層が敏感になっています。
⑩外の空気に堪えられないからでは、男性十代の20％、四十代の12・5％、女性二十代15・8％、十代4・3％で、ともに若い世代が多くなっています。
以上、回答の多い順に①寒すぎ・冷えすぎ44％、②電気代がいる39・7％、③自然が良いから33・7％、④体がだるくなるから30・4％、⑤内外の温度差が嫌である26・1％、⑥風邪をひくから14・1％、⑦頭痛がするから10・9％、⑧関節が痛くなるから4・9％、⑨外の空気に堪えられないから5・47％、⑩その他3・3％となっています。

**冬場における暖房の依存症**

寒さがピークの時、安眠・快眠の環境を整えるには、寝室や寝床内気候を整える必要があります。もう一枚毛布や掛けふとん、敷ふとんなど重ねて使用する、重ね着をする、電気アンカ・湯たんぽを入れるなど、工夫することによって寝床内気候の温湿度をベストな条件に整える、エアコン以前の睡眠はこのような方法を取ってきたのです。では現在、極寒におけるエアコンの使い方はどうなっているのでしょうか。酷暑における夏の冷房に比べ、エアコンの依存率は相対的に低い傾向にあります。

①寝室の暖房は全くしない全体39・８%（男39・３%、女40・３%）１５９人と約四割を占めています。暖房に頼らず、ふとんが本来持っている「寝室の温度や湿度に応じて、人体からの熱や汗を吸収し、移動、発散又は遮断する」木綿ふとんの調節機能を最大限活用し、寝床内気候を重視した睡眠が健康的であるということができます。

しかし、寒いと交感神経系が活発になり手足の末梢血管が収縮し、皮膚からの放熱が起こりにくくなります。その結果、覚醒が高まり、入眠が妨害されます。そこで、手足の温度を上げる

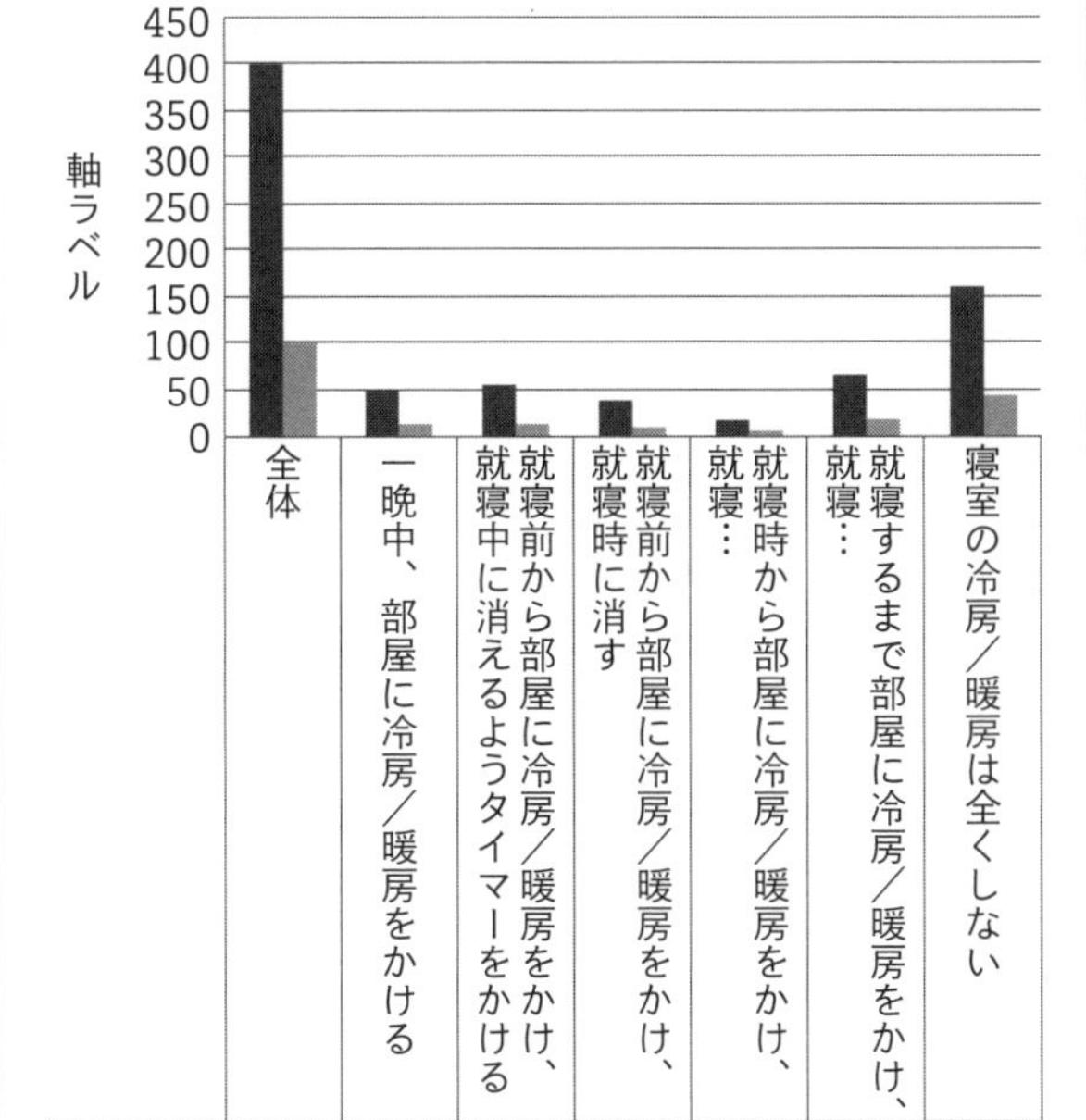

| | 全体 | 一晩中、部屋に冷房／暖房をかける | 就寝前から部屋に冷房／暖房をかけ、就寝中に消えるようタイマーをかける | 就寝前から部屋に冷房／暖房をかけ、就寝時に消す | 就寝時から部屋に冷房／暖房をかけ、就寝… | 就寝するまで部屋に冷房／暖房をかけ、就寝… | 寝室の冷房／暖房は全くしない |
|---|---|---|---|---|---|---|---|
| ■ 系列１ | 400 | 53 | 59 | 40 | 21 | 68 | 159 |
| ■ 系列２ | 100.0 | 13.3 | 14.8 | 10.0 | 5.3 | 17.0 | 39.8 |

**図表32　寒さピーク時の暖房の使い方**

方法として電気毛布・湯たんぽ・電気アンカなど有効ですが、暖め続けますと、ふとんの中の寝床内気候は高温多湿となり、体温が下がりにくくなり、睡眠が妨害されます。[51]

②就寝するまで寝室に暖房をかけ、就寝時に消す。全体17％（男18・7％、女15・1％）

③就寝前から暖房をかけ、就寝中に消えるようにタイマーをかける。全体14・8％（男14％、女16・6％）

④就寝前から寝室に暖房をかけ、就寝時に消す。全体10％（男9・3％、女10・8％）など、極寒における暖房の使い方としては概ね妥当な利用方法であるということができるのです。

また、寒さのピーク時においては寝具を用いて眠った場合、最も寝心地良い室温は、16～19℃と言われております。安眠・快眠を司る寝床内気候を調節するため、何らかの形で暖房を使用することは必要条件であります。

そのため、年代別に、就寝時における暖房使用の割合を見てみると、多い順に六十代68・4％、三十代66・7％、五十代60・3％、二十代59・6％、七十代以上56・1％、十代55・4％となっています。暖房依存率の高い世代は六十代、三十代、低いのは代謝の良い十代の若者及び健康を気遣う七十歳以上の高齢者であります。各年代とも、寒さのピーク時においては、平均60％以上の割合で暖房を活用していることが分かります。

⑤しかし一方、一晩中暖房をかける。全体13・8％、（男14％、女12・4％）53人の寝床内気候は、一晩中高温多湿の状態となり、睡眠が妨害され快眠は得られません。

⑥就寝時から暖房をかけ、就寝中に消えるようタイマーをかける5・3％（男4・7％、女5・9％21人では、入眠時に寒いと、交感神経系が高まり手足の末梢血管が収縮し放熱が妨げられます。その結果、覚醒が高まり入眠できませんので、懸命な対策とはならないのです。

蒸し暑い夏の夜に一晩中冷房をかけて睡眠する（男22・9％、女28％）と、過度にクーラーに依存する人たちは、サンプル数400の内全体の25・3％＝101人いましたが、冬の寒い日に一晩中暖房をかける人は400人中13・3％、（男14％、女12・4％）53人となっています。暖房の場合は、夏場の冷房と違い過度に暖房に依存する人たちは半減しています。

## （四）睡眠の現状について

### 睡眠の状態

それでは、よく眠れている・どちらかと言えばよく眠れている、どちらかと言えばよく眠れていないなど、現在における睡眠の現状はどうなっているのでしょうか。

サンプル数400名の内割合の多い順に、①どちらかと言えばよく眠れている45・8％、②よく眠れている25・5％、③どちらかと言いえばよく眠れていない21％、④よく眠れていない7・8％となっています。睡眠の質的な状況については、設問項目の順位・割合は性別による大きな違いはありません。しかし、よく眠れていない、どちらかと言えばよく眠れていないなど、睡眠の質的不満を訴えているのは、全体で28・8％（女性32・8％、男性25・2％）115人で、女性が男性を大きく上回っています。

また、年代別に、よく眠れている、どちらかと言えばよく眠れている、人の割合は多い順に、男性七十代90・9％・三十代86・4％・十代73・7％となっており、女性では十代の78・4％・六十代の71・4％、七十代69・3％となっています。男女共十代・二十代・七十代以上の世代で約八割近くの人が、良い睡眠がとれている一方、遺憾ながら働き盛りの男性で二十・四十・五十・六十代、女性で二十・三十・四十・五十代の人たちは、五～六割台の低い水準にとどまっています。

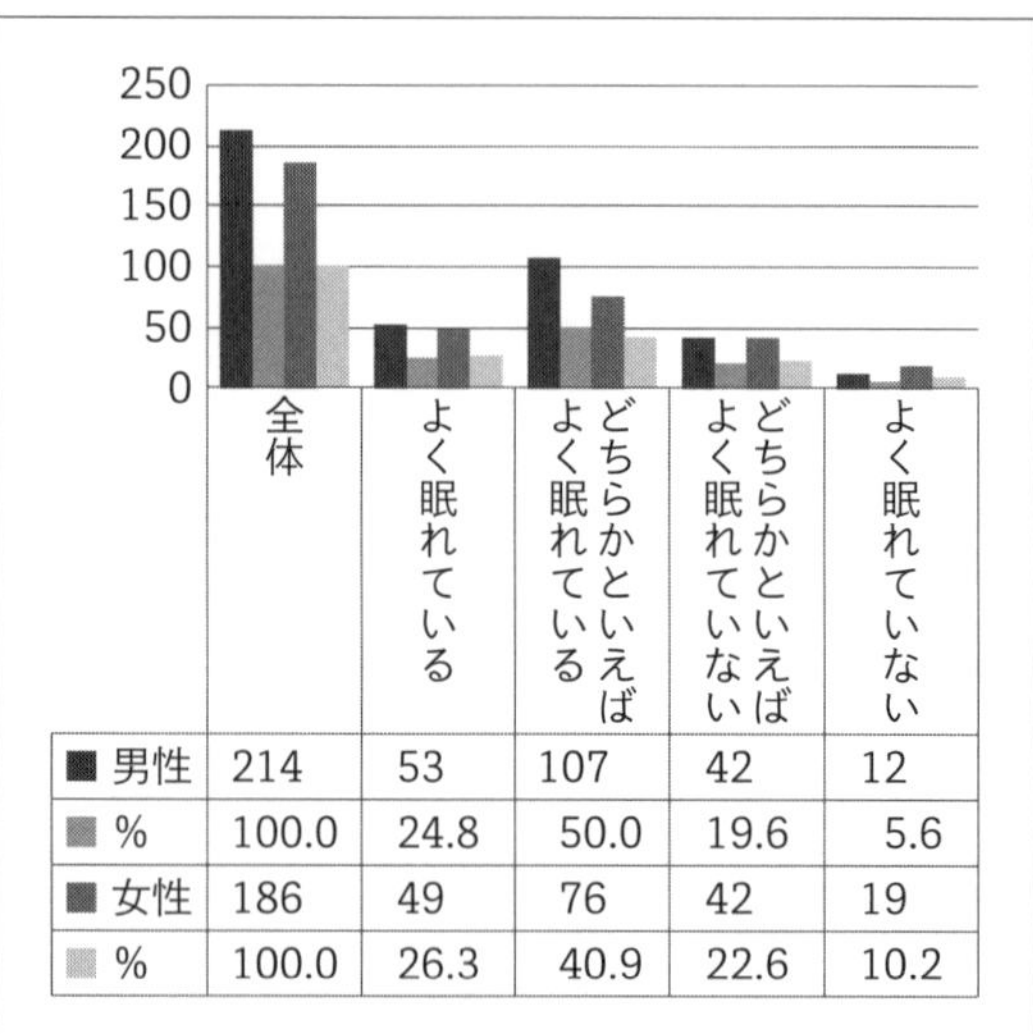

| | 全体 | よく眠れている | どちらかといえばよく眠れている | どちらかといえばよく眠れていない | よく眠れていない |
|---|---|---|---|---|---|
| 男性 | 214 | 53 | 107 | 42 | 12 |
| % | 100.0 | 24.8 | 50.0 | 19.6 | 5.6 |
| 女性 | 186 | 49 | 76 | 42 | 19 |
| % | 100.0 | 26.3 | 40.9 | 22.6 | 10.2 |

図表33　性別、睡眠の状態

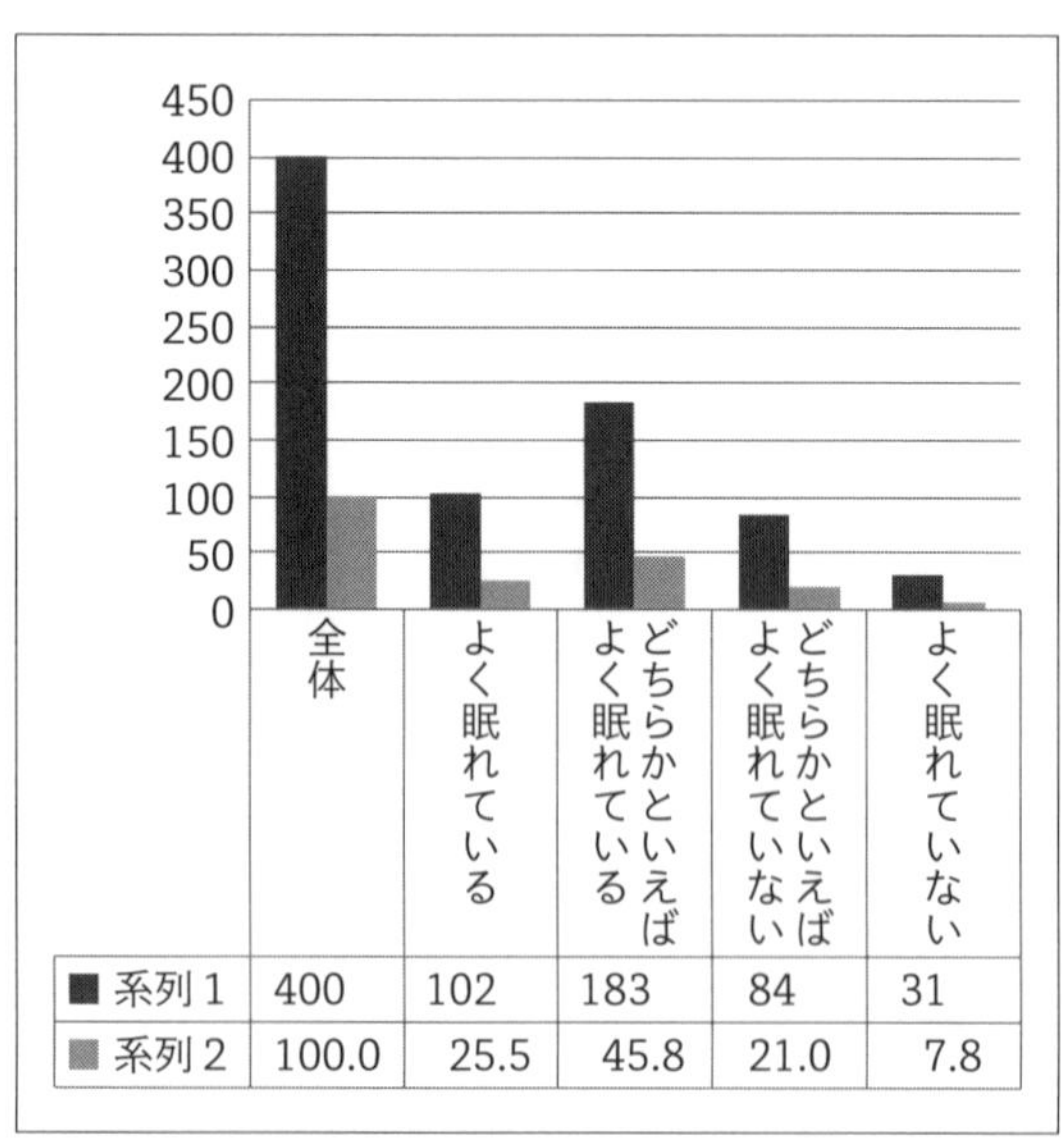

| | 全体 | よく眠れている | どちらかといえばよく眠れている | どちらかといえばよく眠れていない | よく眠れていない |
|---|---|---|---|---|---|
| 系列1 | 400 | 102 | 183 | 84 | 31 |
| 系列2 | 100.0 | 25.5 | 45.8 | 21.0 | 7.8 |

図表34　睡眠の状態

**睡眠を妨げる要因**

睡眠に満足している人の割合は71・3%であります。不眠を訴えている全体で28・8%（女性32・8%、男性25・2%）115人に対して、睡眠の異常を起こすと思われる要因について尋ねたところ、以下のことが明らかになりました。

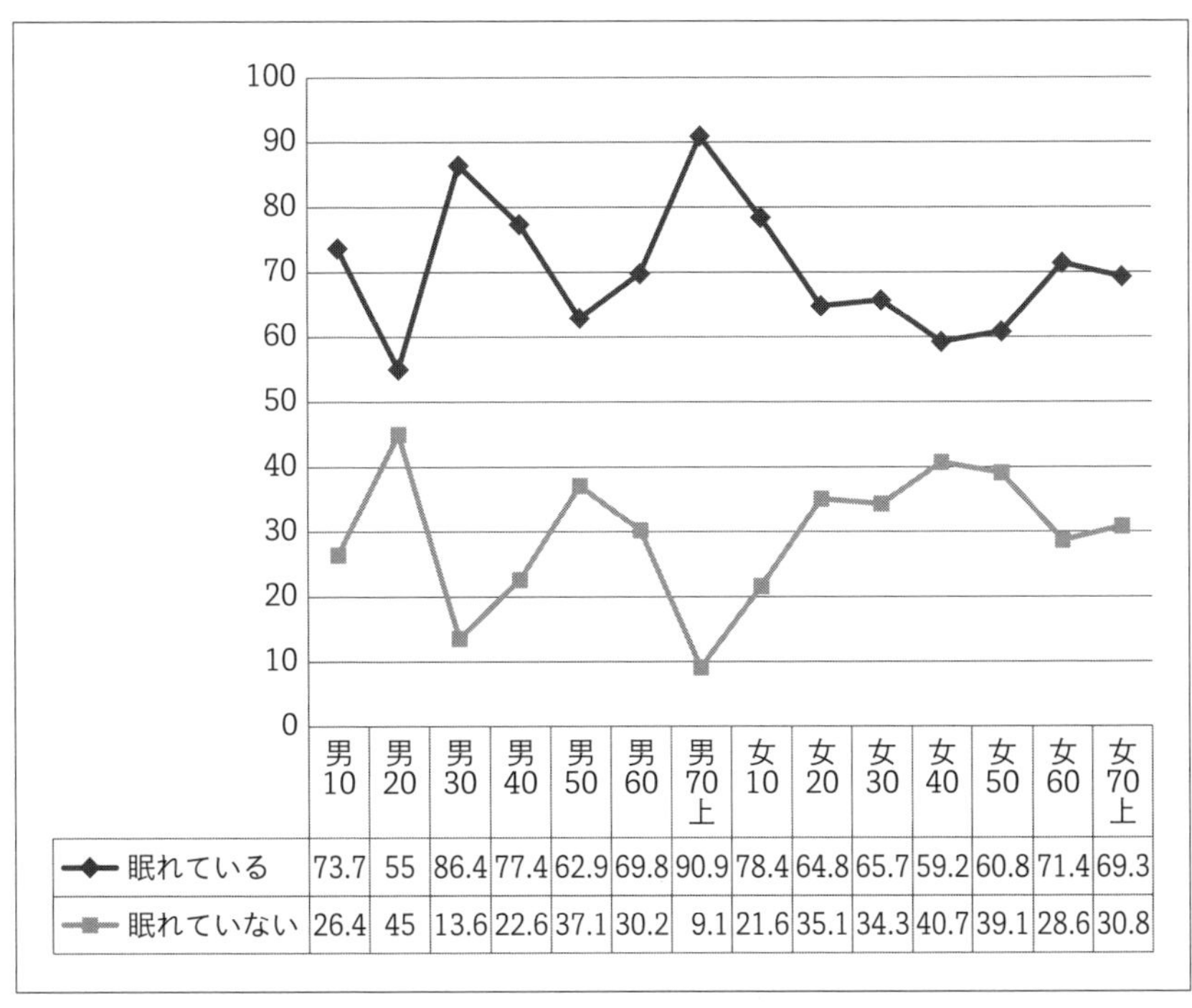


| | 男10 | 男20 | 男30 | 男40 | 男50 | 男60 | 男70上 | 女10 | 女20 | 女30 | 女40 | 女50 | 女60 | 女70上 |
|---|---|---|---|---|---|---|---|---|---|---|---|---|---|---|
| 眠れている | 73.7 | 55 | 86.4 | 77.4 | 62.9 | 69.8 | 90.9 | 78.4 | 64.8 | 65.7 | 59.2 | 60.8 | 71.4 | 69.3 |
| 眠れていない | 26.4 | 45 | 13.6 | 22.6 | 37.1 | 30.2 | 9.1 | 21.6 | 35.1 | 34.3 | 40.7 | 39.1 | 28.6 | 30.8 |

**図表35　年代別睡眠の状況（%）**

快眠・安眠を妨げる要因として、割合の多い順に、①寝つきが悪い。全体50・4％（男48・1％、女52・5％）58人、②夜中に目が覚めてしまう。全体46・1％（男46・3％、女45・9％）53人、③眠った気がしない、全体30・4％、（男27・8％、女32・8％）35人、④悩みがある。全体25・2％（男16・7％、女32・8％）29人、⑤早朝に目が覚めてしまう、全体22・6％（男20・4％、女24・6％）26人、⑥室温（寒さ暑さ）全体20・9％（男22・2％、女19・7％）24人、⑦寝具。全体14％（男13％、女11・5％）14人、⑧湿気。全体12・2％（男11・1％、女13・1％）14人、⑨騒音。全体9・6％（男1・9％、女16・4％）11人、⑩明るさ、全体3・5％（男3・7％、女3・3％）4人、⑪におい。全体1・7％2人となっています。

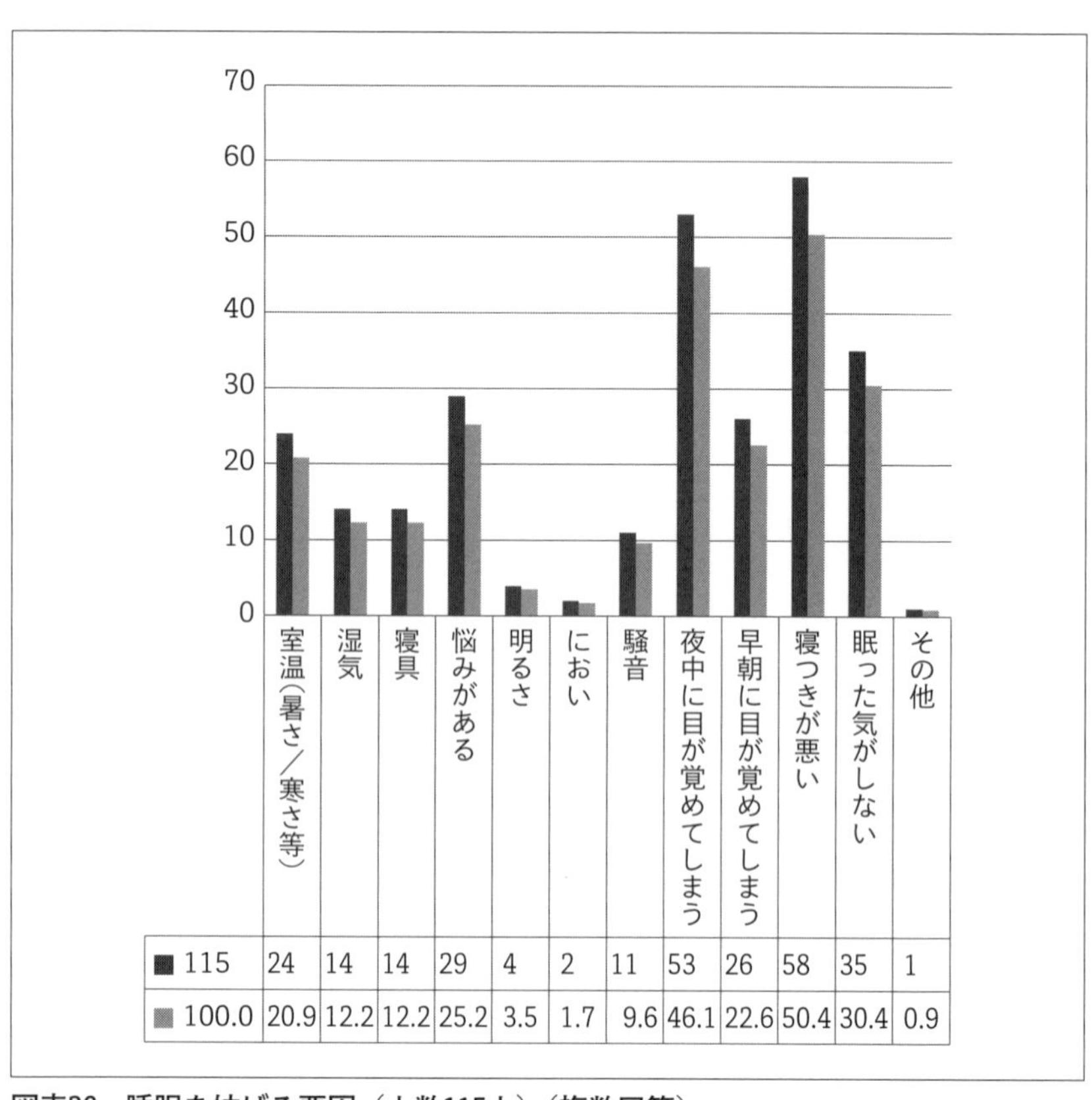


| | 室温（暑さ／寒さ等） | 湿気 | 寝具 | 悩みがある | 明るさ | におい | 騒音 | 夜中に目が覚めてしまう | 早朝に目が覚めてしまう | 寝つきが悪い | 眠った気がしない | その他 |
|---|---|---|---|---|---|---|---|---|---|---|---|---|
| ■ 115 | 24 | 14 | 14 | 29 | 4 | 2 | 11 | 53 | 26 | 58 | 35 | 1 |
| ■ 100.0 | 20.9 | 12.2 | 12.2 | 25.2 | 3.5 | 1.7 | 9.6 | 46.1 | 22.6 | 50.4 | 30.4 | 0.9 |

**図表36　睡眠を妨げる要因（人数115人）（複数回答）**
**（2000年6月 web 調査 K・K ネオマーケティング）**

**①寝つきが悪い**

寝つきが悪い全体50・4％（男48・1％、女52・5％）58名、年代別では三十代の男性で約七割、以下十代・二十代・七十代以上で五割以上、女性の十代で九割近く、二十・三十・四十・六十代の比較的若い世代の五割以上が寝つきの悪さで悩んでおり、其の割合は女性が五割以上と高くなっています。

本件の場合も、男性十・二十・三十代の六～七割近く、女性の十代で八割、二十・四十代の五割以上の比較的若い世代の人たちが、寝つきの悪さで悩んでいる

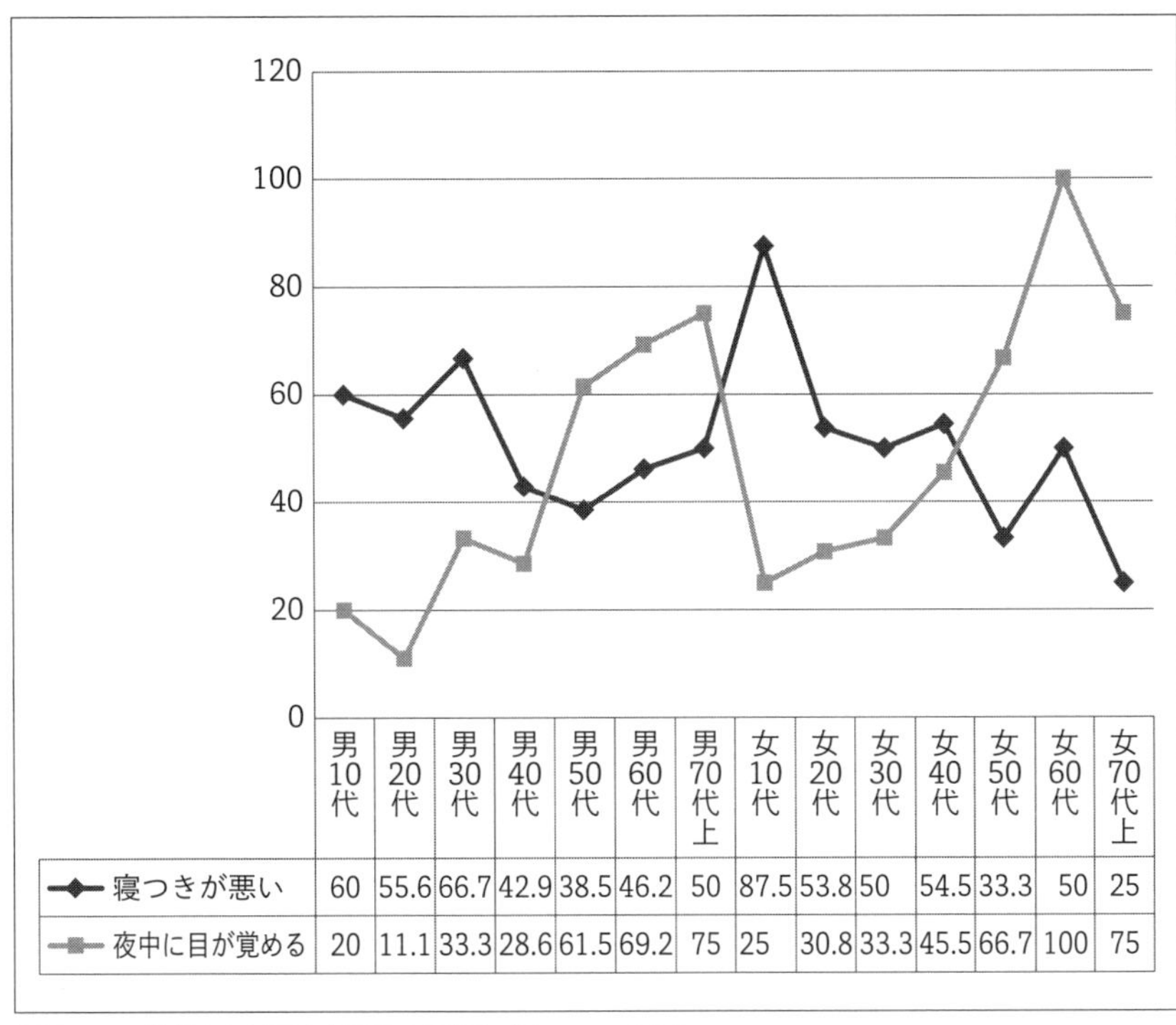


| | 男10代 | 男20代 | 男30代 | 男40代 | 男50代 | 男60代 | 男70代上 | 女10代 | 女20代 | 女30代 | 女40代 | 女50代 | 女60代 | 女70代上 |
|---|---|---|---|---|---|---|---|---|---|---|---|---|---|---|
| 寝つきが悪い | 60 | 55.6 | 66.7 | 42.9 | 38.5 | 46.2 | 50 | 87.5 | 53.8 | 50 | 54.5 | 33.3 | 50 | 25 |
| 夜中に目が覚める | 20 | 11.1 | 33.3 | 28.6 | 61.5 | 69.2 | 75 | 25 | 30.8 | 33.3 | 45.5 | 66.7 | 100 | 75 |

**図表37　世代別安眠を妨げる要因（%　n＝115）**

ことから、入眠前に覚醒度を高める因子（飲み物かゲーム・スマートフォン・テレビ）が関わっていたか寝室が26℃・湿度60％以上の高温多湿な環境になっている可能性が高くなっています。また高温多湿な夏は、寝床内気候も高温多湿となり、特に汗の吸湿性に劣る合繊ふとんを使用の場合は蒸れを生じ、皮膚温が上昇し、発汗しても、高温多湿なため十分な放熱が行われず、深部体温（直腸温）が下がらないため、寝付けません。[52]

**②夜中に目が覚めてしまう**

夜中に目が覚めてしまうに関しては、全体46・1％（男46・3％、女45・9％）53人となっております。年代別では七十代以上の男性75％・六十代の69・2％。五十代の61・5％、女性では六十代の100％、七十代の75％、五十代の66・7％と、男女とも五十代以降の高齢者に飛び抜けて多くなっています。

高齢者に多い理由として、二十～四十歳代では就床・起床時刻はほぼ一定ですが、五十歳以降からは就床時刻が前進し、朝方傾向を示すようになります。六十歳以上ではさらに早まりますが、就床時刻に比べて起床時刻はそれほど早くならないため、臥床時間が長くなります。しかし、高齢になるほど寝つきが悪く、中途覚醒も増えるため、若年者に比べ実際の睡眠時間は短くなるために、睡眠効率は著しく低下します。

入眠時は、身体内部の温度が効率的に下がることによって眠気が促されますが、寝室の温度や寝床内気候が低すぎると手足の血管は収縮して皮膚から放熱せず、身体の体温は高くなります。寝室の温度や湿度が高すぎても汗をかいて、体温調節がうまくいかなくなり、放熱できずに身体内部の温度は高くなります。温度が低すぎても高すぎても、効率的に身体内部の温度は下がっていかず、寝つきが悪くなり、睡眠中の覚醒が増えて質の良い睡眠が得られなくなります。また、同じ温度の環境下では湿度が高いと覚醒しやすくなり、深い睡眠が得られにくくなるのです。[53]

本件の場合、夏場の高温高湿の場面において、冷房の使い方を見ると就眠時から寝室に冷房し就寝中に消えるようにタイマーをかける。また、就寝するまで寝室に冷房をかけ就寝時に消すという利用の仕方になっている人は五十～七十代以上の高齢者において38人、十代から四十代にかけては30人計68人います。

いずれの場合でも、壁や家具などが冷え切らずに、クーラーを止めると輻射熱で再び寝室内の気温が上がってきます。暑くて夜中に目が覚めるということが多くなります。更に、クーラーを使いたくない場合でも、上手にクーラーや扇風機を利用したほうが良いのです。一晩中クーラーをつけて寝る人は、体が冷やされ朝は体温が十分に上がりませんので、起きたときにだるさが残ります。タイマーを使って、睡眠後半はクーラーを使わないように工夫するのも一案です。また、夏暑苦しくて眠れない時は、除湿器を利用する手もあります。

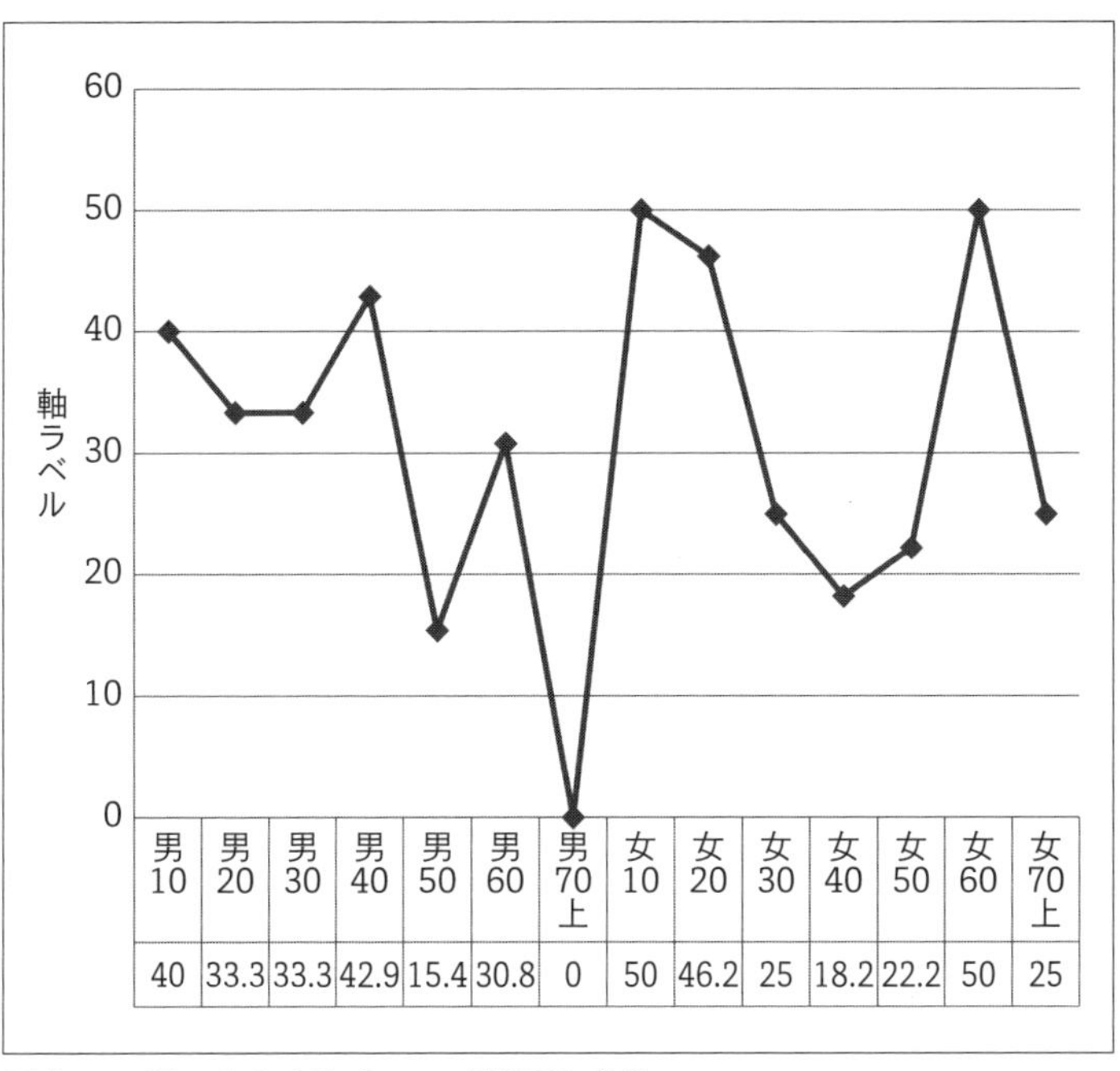


| 男10 | 男20 | 男30 | 男40 | 男50 | 男60 | 男70上 | 女10 | 女20 | 女30 | 女40 | 女50 | 女60 | 女70上 |
|---|---|---|---|---|---|---|---|---|---|---|---|---|---|
| 40 | 33.3 | 33.3 | 42.9 | 15.4 | 30.8 | 0 | 50 | 46.2 | 25 | 18.2 | 22.2 | 50 | 25 |

**図表38　眠った気がしない、世代別（%）**

### ③眠った気がしない

眠った気がしないに関しては、全体30・4％（男27・8％、女32・8％）35人となっています。年代別では男性で四十代42・9％、十代40％、二十～三十代33・3％、女性では十代六十代の50％、二十代46・2％となっており、男女共比較的若い世代で多くなっているのが特徴的です。

睡眠には、第一の眠り大脳の機能を発達させ、意識を覚醒の状態に導く「レム睡眠」と、第二の眠りである脳を守り・脳を修復する「ノンレム睡眠」があります。ノンレム睡眠の深さは四段階に分かれて、深度が高くなるほど脳の休息は進みます。同時に、明日に備えて各種ホルモンを分泌し、体内環境を整備しています。代表的なものに、組織の損傷を修復することで、疲労回復に役立つ「成長ホルモン」、明暗に依存して分泌され、眠りの準備をもたらす「メラトニン」、覚醒時に備えて体温や血糖値を引き上げ、体内環境を整える「コルチゾール」があります。[54]

しかし、生活習慣の乱れや寝室や寝具による睡眠環境の悪化が日常化していると、これらが原因となってノンレム睡眠の深度が低くなり、「眠った気がしない」など、浅い眠りが続くようになります。不快な日々が続き、体がシャキッとしないなどという訴えの場合、ノンレム睡眠の減少・レム睡眠の増加または中途覚醒などが実際に生じている場合が考えられています。[55]また、睡眠中のレム睡眠前後に必ず起こる寝返りは、一定の姿勢による体への圧迫からの血行不良を防ぎ、筋肉疲労を防止するための現象であります。掛けふとんが重すぎると寝返りが出来なくなり、血圧が寝る前の一・五倍から二・五倍にも上昇することがあり、心臓への負担が大きくなります。したがって、寝返りによる体の動きに沿うフィット性や柔らかに軽さが要求されます。また敷ふとんには、人間工学的見地から適正な寝姿勢を保つための適度な固さとクッション性・吸湿性が要求されるのです。[56]この条件を満たすものとして、掛は羽毛ふとん、敷は伝統的な木綿の手作りふとんが、一番多くなっています。

現代生活はシフトワークや長時間通勤、受験勉強、インターネットやゲームをしての夜型生活など、睡眠不足や睡眠障害の危険因子がいっぱいです。睡眠不足による産業事故、慢性不眠によるうつ病や生活習慣病の悪化など、睡眠問題を放置すると日中の心身の調子にも支障を来します。日本の中学生、高校生９５６８０人を対象とした調査でも、消灯後にふとんの中で携帯電話やスマートフォンを使っている人ほど、睡眠の質が悪く、睡眠時間も短く、日中の眠気が強くなっていました。[57]

### ④悩みがある、全体で25・2％（男16・7％、女32・8％）

睡眠を妨げる要因として悩みを挙げた人は、十代46・2％、二十代36・4％、三十代33・3％、四十代33・3％、特に十代～四十代で割合は高くなっています。年代別では男性で十代60％、三十代33・3％、四十代28・6％、女性では二十代46・2％、十代37・5％、四十代の36・4％となっており、男女共比較的若い世代で多くなっているのが特徴的です。

ストレスがごく小さい場合を除き、日中にあったことを思い悩んだりすると、寝ることでストレスは解消しようとしても、困難を伴います。ストレスが強い場合や緊張が高い場合には、交感神経の活動が活発化しますので、睡眠が妨害されてしまいます。就床前に悩みなど、強いストレスを受けますと、途中で何度も目が覚めたりレム睡眠が少なくなるなど、睡眠全般に悪影響が見られることが報告されています。[58]

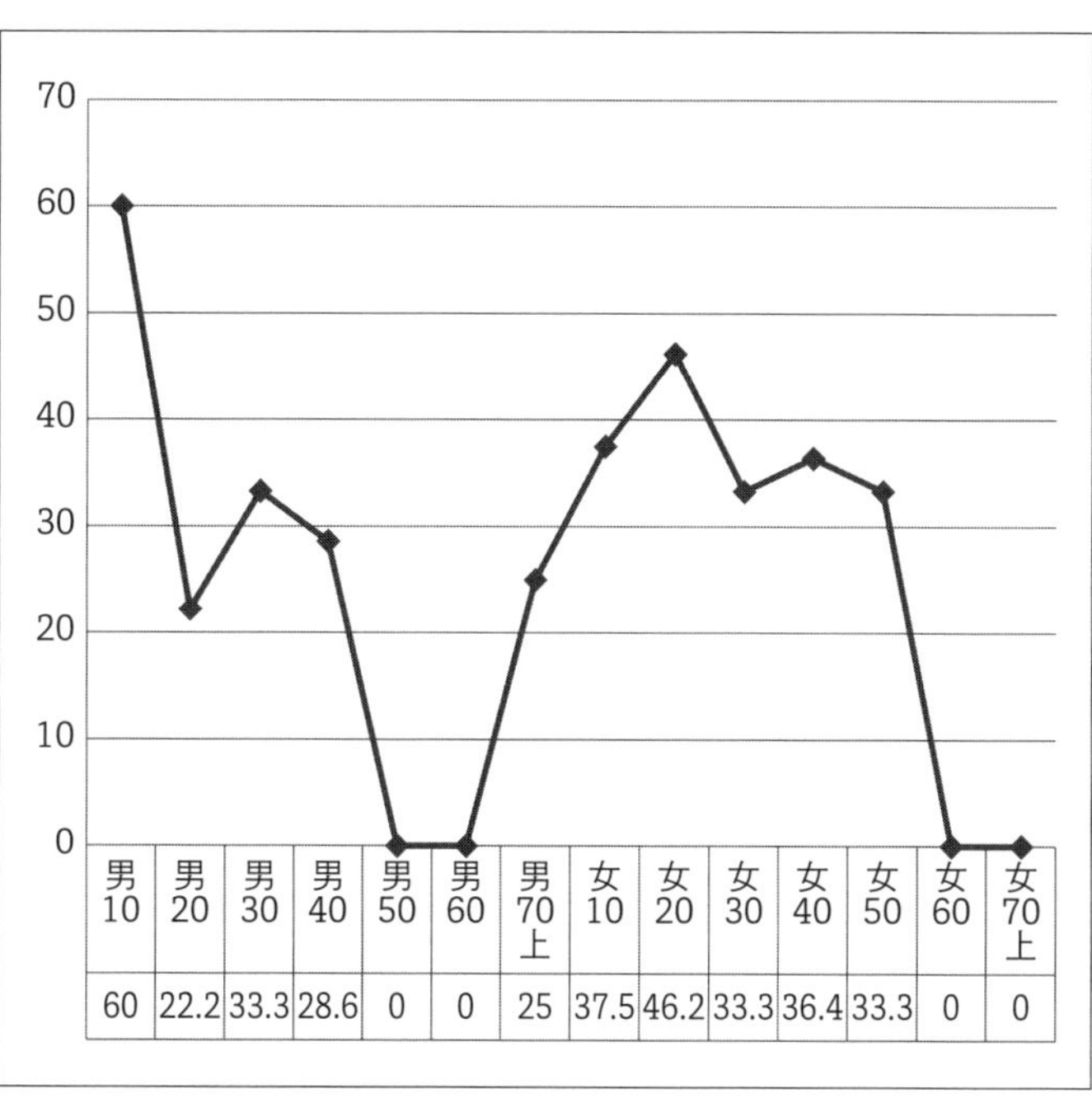


| 男10 | 男20 | 男30 | 男40 | 男50 | 男60 | 男70上 | 女10 | 女20 | 女30 | 女40 | 女50 | 女60 | 女70上 |
|---|---|---|---|---|---|---|---|---|---|---|---|---|---|
| 60 | 22.2 | 33.3 | 28.6 | 0 | 0 | 25 | 37.5 | 46.2 | 33.3 | 36.4 | 33.3 | 0 | 0 |

図表39　悩みがある、世代別（％）

悩み事から離れたいあまり、通常より早

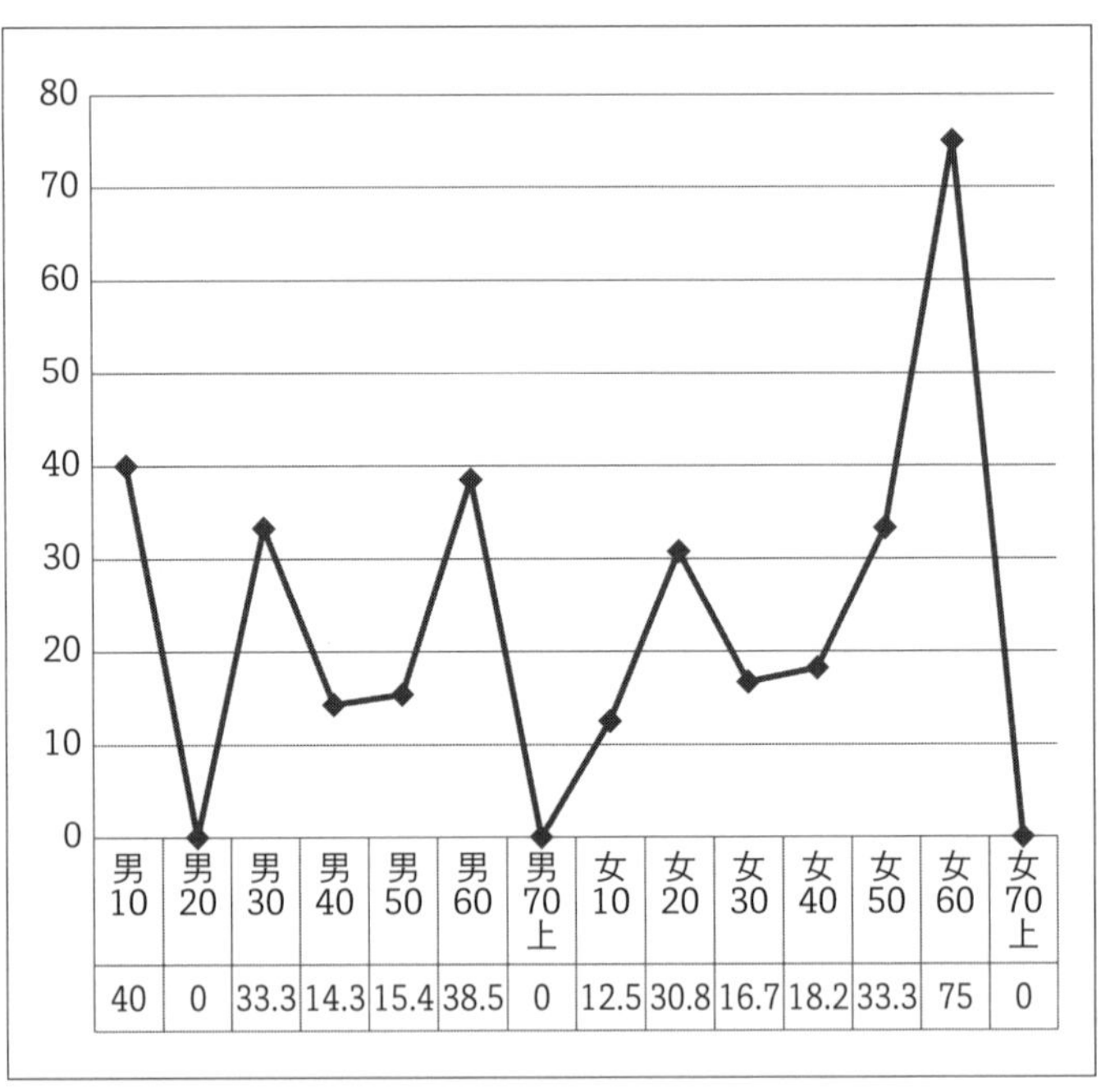


| 男10 | 男20 | 男30 | 男40 | 男50 | 男60 | 男70上 | 女10 | 女20 | 女30 | 女40 | 女50 | 女60 | 女70上 |
|---|---|---|---|---|---|---|---|---|---|---|---|---|---|
| 40 | 0 | 33.3 | 14.3 | 15.4 | 38.5 | 0 | 12.5 | 30.8 | 16.7 | 18.2 | 33.3 | 75 | 0 |

**図表40　早朝に目が覚める、年代別（%）**

く眠ってしまおうと、床に就く場合がありますが、こうすると更に入眠困難が悪化することがありますので注意が必要です。[59]この項目は、「睡眠の質」の悪さに関するもので、男女差についていえば、女性の方が男性より高い有症率を示しており、男性よりも女性の方が睡眠の悩みを持つ割合が多くなっております。また、男女共年齢が若くなるほど訴えが増加する傾向となっています。

### ⑤早朝に目が覚めてしまう、全体で26・6%（男20・4%、女24・6%）

睡眠を妨げる要因として、早朝に目が覚めてしまうという人は、多い順に、男性十代40%、六十代38・5%、三十代33・3%となっています。女性では六十代75%、五十代33・3%、二十代30・8%となっています。特に男性では、十代と六十代で、女性では五十代六十代と比較的に高齢者に多くなっています。

早朝覚醒は、本人の望む起床時刻、あるいは通常の覚醒時刻の一～二時間以上早くに覚醒してしまい、再入眠が困難な状態を言います。加齢に伴う生理的変化で、睡眠覚醒リズムは前進（早寝早起き）するため、高齢者においては高頻度で認められています。[60] また、うつ病の特徴的な睡眠障害でもあります。早朝覚醒がある場合、その後再入眠できても睡眠が浅く熟眠感が得られません。

このように、高齢者で睡眠が変化する理由として、加齢に伴う脳機能の低下に加えて、概日リズムが変化することも指摘されています。体温は夕方に高く、早朝に低くなるという日内リズムが見られますが、若年者に比べると高齢者では、一日の最高体温と最低体温との差が小さくなります。その結果、夜間に体温が十分に低下せず睡眠が深くなりにくくなるのです。また、概日リズムの位相前進が起こり、体温低下が始まる時刻が早くなります。それによって、就床時刻が早くなります。しかし、体温上昇が始まる時刻も早くなるため、睡眠後半では睡眠を維持することが困難になり、早朝に目覚めやすくなるのです。[61]

### ⑥室温、暑さ寒さ、全体で20・9％（男22・2％、女19・7％）

快眠を妨げる要因として、暑さ・寒さの室温を問題にしている人は、三十代46・7％、二十代31・8％で若い世代で多くなっています。

年代別では男性で四十代66・7％、七十代25％、二十代22・2％、女性では三十代41・7％、二十代38・5％、十代の12・5％となっており、男女共比較的若い世代で多くなっているのが特徴的です。

日本の夏は高温多湿で寝苦しく、寝つきが悪いばかりか、途中で目が覚めやすく眠りは浅くなりがちです。普通夜は体温が低下していき、容易に眠りに就くことができるのですが、暑いと睡眠中に体温が下がりにくいため質の良い睡眠が得られません。したがって、夏の寝室は、室温が26℃くらいになるように調整するこ

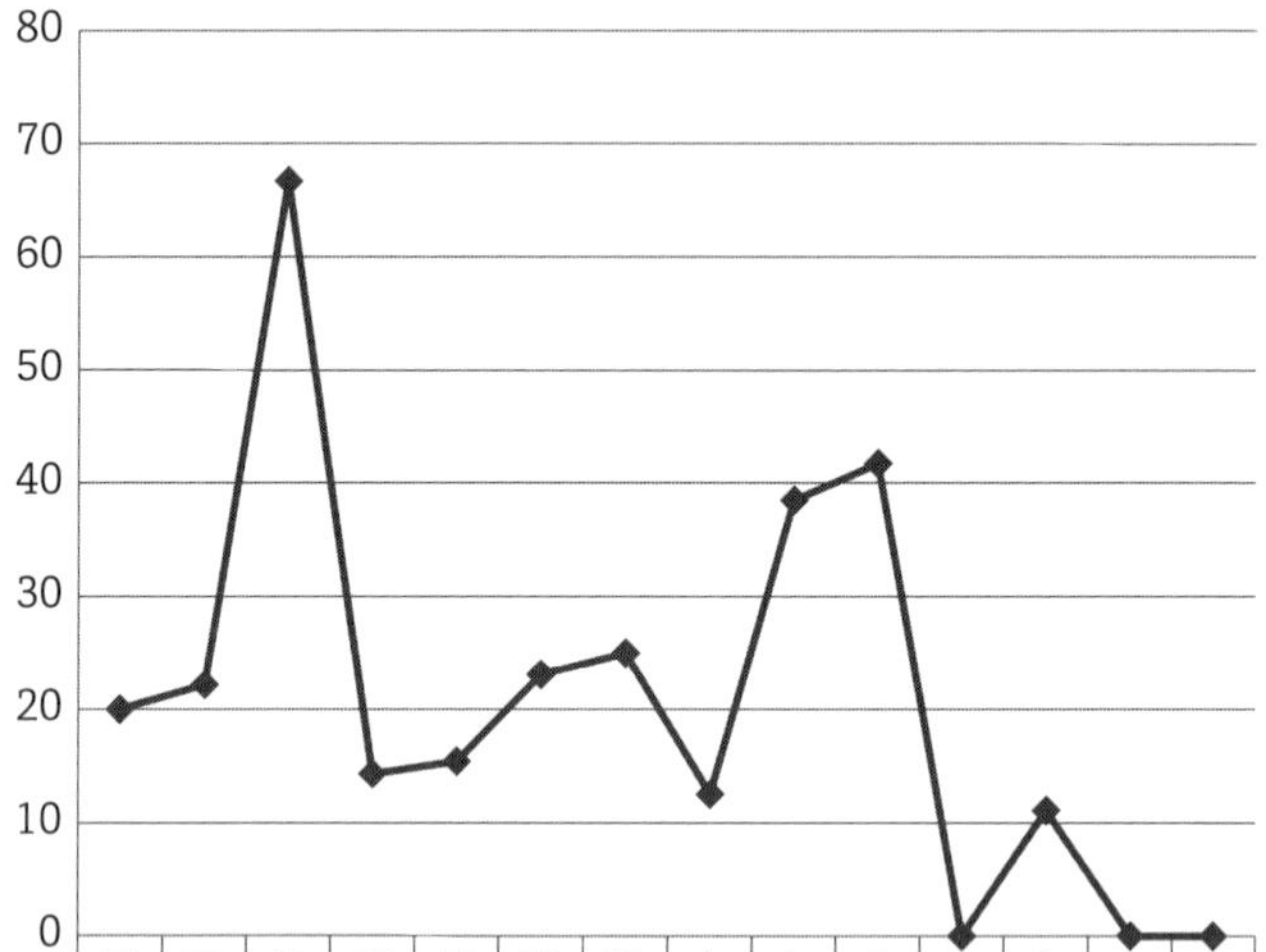

| | 男10 | 男20 | 男30 | 男40 | 男50 | 男60 | 男70上 | 女10 | 女20 | 女30 | 女40 | 女50 | 女60 | 女70上 |
|---|---|---|---|---|---|---|---|---|---|---|---|---|---|---|
| | 20 | 22.2 | 66.7 | 14.3 | 15.4 | 23.1 | 25 | 12.5 | 38.5 | 41.7 | 0 | 11.1 | 0 | 0 |

図表41　室温（暑さ寒さ）、年代別（%）

とが必要です。夏における冷房の使い方で問題なのは、①就寝前から寝室を冷房し、寝るときに消す、②就寝するまで寝室を冷房し、就寝時に消す、③一晩中冷房をつけるで、合わせて160人います。①②の場合、室内の壁や家具が冷えるには少なくとも二～三時間はかかります。冷房が止まった途端、壁や家具にこもった輻射熱によって寝室の空気が再び暖められ、寝室の温度がすぐに上がってしまいます。そのため、途中で目が覚めやすく質の高い睡眠は得られません。

　また、高温多湿の夏の夜は、就眠環境を上手に調節できていないと睡眠がとれません。良い睡眠をとるためには体温をスムースに低下させる必要があります。冷房を使用しない場合は、冷却素材や氷枕などで頭を冷やしたり扇風機で気流を作ったりすると体温が低下しやすく、寝つきが良くなり、中途覚醒が少なくなったことが報告されています。[62] さらに、③の冷房をつけたまま寝た場合、朝がとてもだるいのは、体が冷え切って体温が下がりすぎているためです。

寒く湿度が低くい冬は、交感神経系の活動が高まり眠れなくなります。手足の末梢血管が縮まり放熱が起こりにくくなるためです。そのため、冬は寝室の温度を睡眠感が悪化し、妨害される10℃以下にならないようにすべきです。できれば、室温を16℃以上、湿度を50～60％程度に保つようにすれば、寝心地が最も良いことが報告されています[63]。

冬における暖房の使い方で問題なのは、一晩中暖房する53人で、寝るとき暖かいと、手足の皮膚から放熱が起こり、寝つきが良くなりますが、反対に体温が下がりにくくなるため睡眠が妨害されます。また、「のどの乾燥」、「肌の乾燥」、「空気の乾燥」も問題になっています。

**⑦寝具が問題、全体で12・2％（男13％、女11・1％）**

睡眠障害を訴える人の多くは、寝床内環境を疎かにした寝具選びや寝具の手入れ、間違ったエアコンの利用法などが、主な理由となっています。

しかし、寝具が主たる原因の一つであると気が付く人はサンプル数１１５人の中の僅か12％（14人）にすぎません。睡眠中は副交感神経系の作用により体温の低下が起こります。また、同時に温熱性の発汗が起こります。温熱性発汗は、入眠後に手脊胸部で活発化します。汗が蒸発するときに生じる気化熱によって体表面が冷やされるので、発汗は体温を低下させるのに効果的な方法です。そのため、寝床内温度は上昇しほぼ一定の温度を保ちます。一方、寝床内湿度は急激に上昇した後は低下します。この、低下した湿度は、敷ふとんや掛け布団の外側に移動するため、寝床内気候は温暖で乾燥した気候が保たれるのです[64]。

しかし、低下した湿気がスムースに寝床内から移動できない場合は、床内気候が蒸れて高温多湿になり、

| 男10 | 男20 | 男30 | 男40 | 男50 | 男60 | 男70上 | 女10 | 女20 | 女30 | 女40 | 女50 | 女60 | 女70上 |
|---|---|---|---|---|---|---|---|---|---|---|---|---|---|
| 0 | 33.3 | 0 | 14.3 | 7.7 | 15.4 | 0 | 0 | 23.1 | 16.7 | 18.2 | 0 | 0 | 0 |

**図表42　寝具（安眠を妨げる）、年代別（%）**

寝付けない・途中で目が覚めるなどの、問題を起こすことになります。吸湿性が悪くじっとりする、へたって薄くなり底つき感がある、嵩高が適当でない、弾力性がない、感触が良くないなど、不満の多くは吸湿性に劣る、安価な合繊の既製輸入ふとんに多く見られる現象です。

### ⑧湿度が問題と答えているのは全体で14％

湿度が問題と答えているのは全体で14％（男11・1％、女13・1％）14人となっています。年代別では男性で三十代33・3％、七十代25％、二十代22・2％、女性では二十代23・1％、三十代16・7％、十代の12・5％となっており、男女共比較的若い世代で多くなっているのが特徴的です。

日本の夏で問題なのは、気温の高さや湿度の高さで、睡眠に大きな影響を及ぼしています。通常、余波睡眠中に発汗することで夜間睡眠の前半に体温の低下が促進されますが、吸湿性の悪い化繊のふとんや寝室の湿度が高いと、汗をかいても蒸発が起こらず蒸れて、体温の低下が起こりにくくなり、睡眠が妨害されます。

寝衣や寝具を用いて寝る場合、室温は26℃、湿度50~60%に設定すれば、睡眠は妨害されません。温湿度をこのように設定すれば、快適に眠れる寝床内気候である温度32~34℃、湿度50±5%を保つことができます。[65]

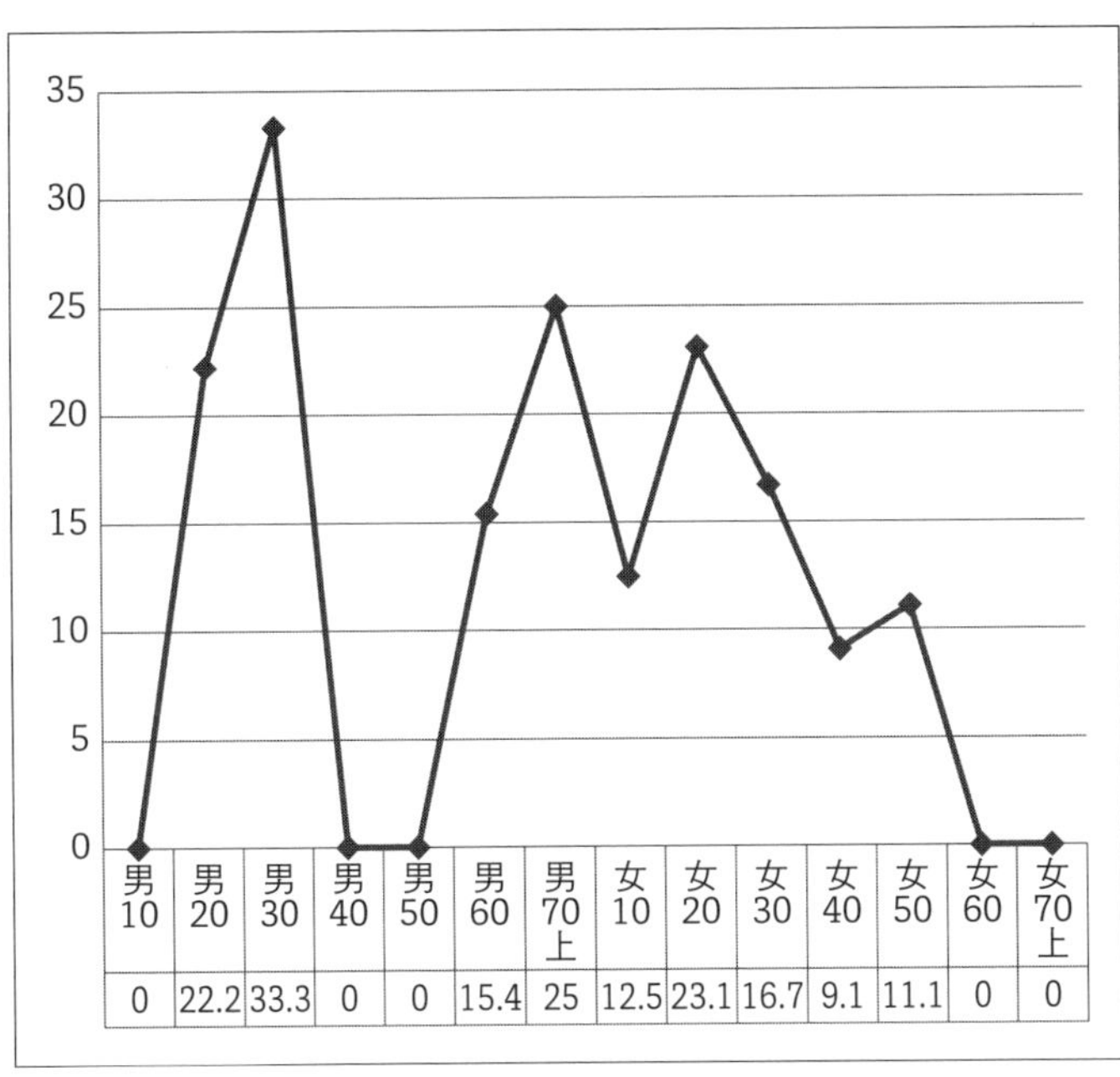


| 男10 | 男20 | 男30 | 男40 | 男50 | 男60 | 男70上 | 女10 | 女20 | 女30 | 女40 | 女50 | 女60 | 女70上 |
|---|---|---|---|---|---|---|---|---|---|---|---|---|---|
| 0 | 22.2 | 33.3 | 0 | 0 | 15.4 | 25 | 12.5 | 23.1 | 16.7 | 9.1 | 11.1 | 0 | 0 |

**図表43　湿気、年代別（%）**

### ⑨騒音が問題と答えているのは全体で9・6%

騒音が問題と答えているのは全体で9・6%（男1・9%、女16・4%）11人となっています。年代別では男性で五十代1・9%のみで、女性では十代25%、二十代23・1%、三十代16・7%、四十代の18・2%、五十代の11・1%となっています。騒音が睡眠の妨げとみているのは、比較的若い年代の女性が圧倒的に多くなっています。

睡眠に悪影響を及ぼす騒音には、洗濯機のような連続音、車が通過するときの間欠音、または衝撃音などがありますが、騒音の大き

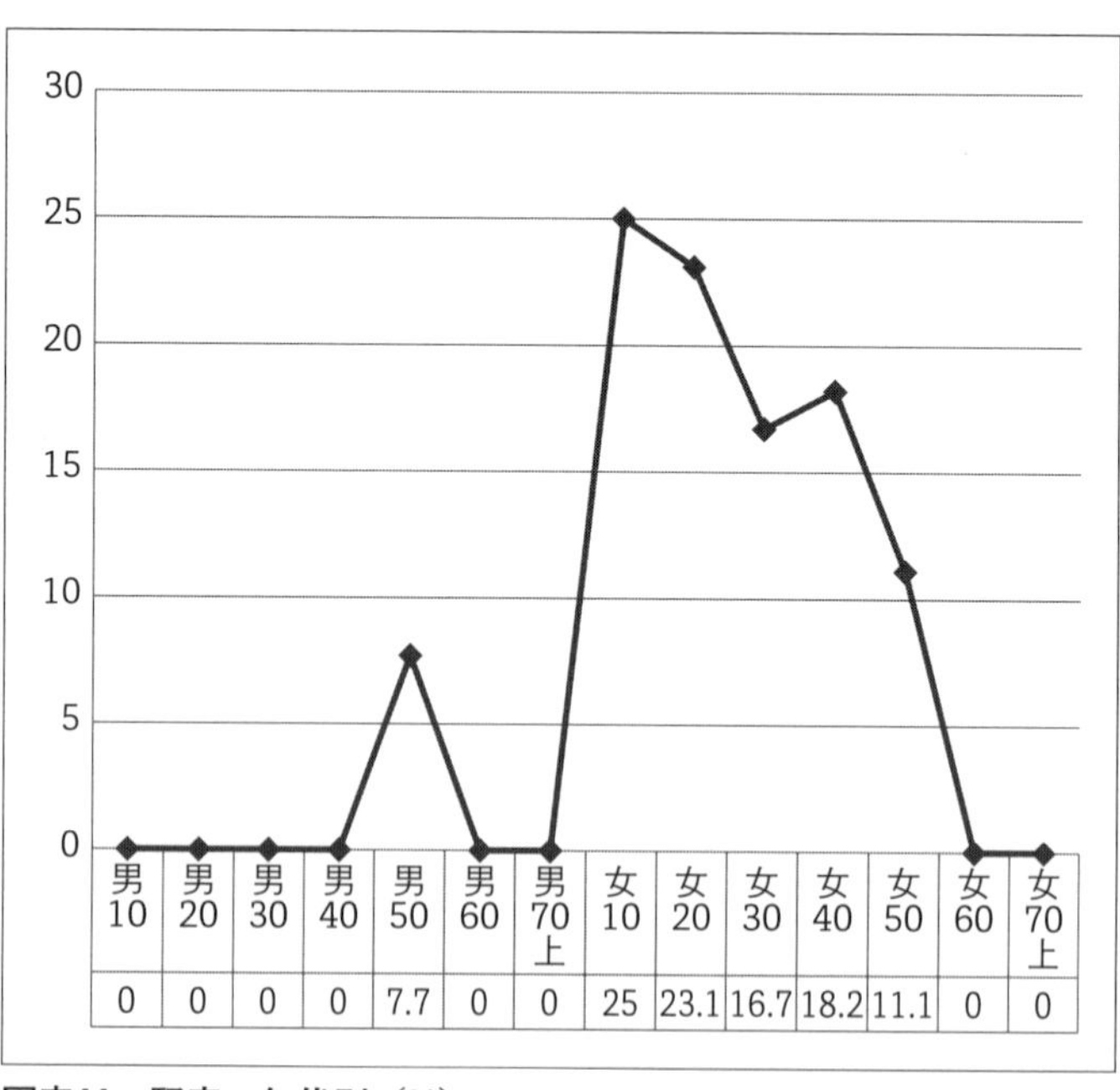


| 男10 | 男20 | 男30 | 男40 | 男50 | 男60 | 男70上 | 女10 | 女20 | 女30 | 女40 | 女50 | 女60 | 女70上 |
|---|---|---|---|---|---|---|---|---|---|---|---|---|---|
| 0 | 0 | 0 | 0 | 7.7 | 0 | 0 | 25 | 23.1 | 16.7 | 18.2 | 11.1 | 0 | 0 |

**図表44　騒音、年代別（%）**

さによって睡眠に対する影響度も異なります。

一般的に連続音に比べ間欠音や衝撃音の方が睡眠を妨害すると言われています。騒音の感じ方には個人差がありますが、一般的に40デシベルを越えると眠りにくくなり、中途覚醒が増え、45デシベル以上になると更に寝付きは悪くなります。55デシベルを越えると軽い睡眠障害が起こり、熟睡できなくなります。

幹線道路の沿道に住む住民を対象とした調査では、30デシベル以下の騒音であれば睡眠に影響はありませんが、夜間の交通量が多いほど不眠症の発症率が高くなり、特に中途覚醒が多くなることが報告されています。[66] 世界保健機関（WHO）は、寝室における騒音基準として、平均騒音が30デシベル以下、最大騒音が45デシベル以下になるよう推奨しています。

## 五　木綿ふとん再認識の必要性

### 進行する寝床環境の劣化

戦後、伝統的な木綿の手作りふとんに代わって、昭和30年代には化学繊維の合繊掛けふとんが、昭和40年代後半には水鳥の羽根ふとんや羽毛ふとん、昭和50年代には羊の羊毛ふとんとデビューが重なり、布団の主役は目まぐるしく変わっていきました。同時に、バブル期にはＤＣブランドのカバーリングやふとんが登場するなど、ファッショナブルな寝装品で満ち溢れ、就寝環境も格段にレベルアップ、著しく改善が進んだのです。

しかし、１９９１年3月バブルが崩壊すると、失われた二十年と言われるほど長く・深く先の見えない不景気が続きました。このため、小渕政権から小泉政権にかけての２０００年代初頭には記録的な就職氷河期となり、大手企業の「採用ゼロ」も珍しくありませんでした。そのため、就職できなかった多くの若者はフリーターやニートとなり、どれだけ働いても豊かになれず生活保護以下の生活を強いられる状況が続出し、大きな社会問題となったのです。

さらに、２００８年リーマンショック、２０１１年3月東日本大震災、２０２０年コロナ問題と災難が続き、不景気に追い打ちをかけたデフレが続いています。このようにバブル崩壊後の長期間にわたって需要が低い状態が続き、物価上昇率が趨勢的に低下傾向をたどる中で、人々のデフレ期待（人々の予想物価下落率）も拡大傾向をたどっています。さらに、デフレなど景気の弱さから、需要が低迷し、物価を押し下げる力が働いていると内閣府も分析しています。

そのため、所得は伸びず可分所得が目減りするようになると、価格破壊で安くなる一方の合繊の既製ふとんが再び見直され、脚光を浴びるようになり、支持層は若者だけではなく、七十代以上の高齢者まで、拡大の一途をたどっています。その傾向が特に顕著になったのは、リーマンショック後の２００８年合繊既製ふとん輸入量９９７万枚から、２０１８年には１９１３万枚と、ほぼ倍増していることからも分かります。理由は「安く買えて、お金を節約できる」からなのです。このような経過をたどる中で、三十年前の寝床環境の改善が進んだ時に比べて、現在の就寝環境は著しく劣化をたどっているのです。

## 睡眠の質的低下

私たちの脳は、体重の僅か2％の重さですが安静時でも、実に総エネルギーの18％を消費しています。繊細で脆弱な脳は、十六時間以上連続して覚醒していると、脳機能は低下し、酒気帯び運転状態と同じ程度にしか機能しなくなることが分かっています。全身の司令塔である脳が機能しなくなると、正常な精神活動や身体動作が出来なくなり、生存が危うくなります。そこで、疲労した脳を休息させるだけでなく翌日に備えて修復・回復させるための機能が睡眠です。肉体疲労は、眠らなくても安静にするだけで回復できますが、脳は睡眠をとることでしか修復・回復ができないのです。[67]では、生命維持にとってとても重要な睡眠を、エアコン以前の寝床環境では、どのようにして獲得していたのでしょうか。

季節ごとに、冬用・夏用・合い掛け用とふとんの種類があり、その中から季節に合った「組み合わせ・使い分け」を行い、寝床内気候をいつもベストな状態「寝床内気象33±1℃、湿度約50％」に保つことが日課でした。そのため、寝汗を吸って重くなった木綿のふとんを殺菌効果のある日干にして、中綿を蘇らせ寝具はいつも清潔に保っていたのです。

蒸し暑い夏は、寝室の風通しを良くし、吸湿性の高い綿の敷ふとんに、上は小地谷縮（おじやちぢみ）の夏掛けふとんかタオルケットを使用し、枕はアイスノンか籐の枕を利用。時に応じて扇風機を上手に活用していたのです。極寒の冬場でも、寒い時は掛けふとんか敷ふとんを一枚追加する、肌着を重ね着する、湯たんぽを足元に入れるなどして「寝床内気候」の温度はいつも32～34℃を保つよう工夫していたのです。

しかし現在においては、一部の人たちは季節が変わってもふとんの「組み合わせ・使い分け」もせず、一年中同じふとんで寝起きし（４００人中１０１人）、年に一度もふとんの日干しを行わず（４００人中１２５人）、密閉した寝室でエアコンを付けっぱなしにする人も４００人中１０１人もいます。さらに、布団にお金をかけたくない・関心がないという人も４００人中１０７人もいるのです。

夏に冬の羽毛ふとんや電気毛布を使い、冬に冷感肌ふとんを使用しているなど、明らかに寝床環境の錯誤と言うほかはなく、如実に、「夜中に目が覚める」「眠った気がしない」「早朝に目が覚める」など、睡眠の異常を訴える人たちが多くなっています。

## 睡眠やふとんに対する無関心・無頓着な人たちの増加

ではなぜ、このような睡眠の異常を訴える人が拡大することになったのでしょうか。それは、長期にわたるデフレと使い捨て文化の定着によって、日本の美徳「もったいない」の、物を大切にし、心豊かに生きてきた日本人の心・生き方そのものが廃れてしまったからに相違ありません。割高な木綿の手作りふとんに替えて、合繊既製組ふとん四点セット税込で３４８０円（大手某無店舗販売）など、国産ふとんカバー一枚の値段に下落したふとんは、全く価値のないものになってしまいました。そのためふとんは、「安く買って使い捨てるもの」という悪しき習慣が定着したのです。

そのため、睡眠やふとんに関して無関心・無頓着な人たちが増え、木綿ふとんの時代に培った寝床内気候やふとんの手入れなど、良き習慣は一切忘れ去られ、換気もせず密閉した寝室でエアコンを頼りに、湿気をおびた吸湿性の悪い合繊のポリエステルふとんの中で寝起きする人たちが増え、睡眠障害に悩んでいるのです。

## 寝具の機能や寝床内気候を学びなおす

「夜中に目が覚める」「眠った気がしない」「早朝に目が覚める」など、睡眠の異常を訴える人たちの多くは、布団にお金をかけたくないなど、睡眠の果たす役割や快眠に必要な寝具の機能について、全く関心のない人が多くなっています。その大きな要因としては、価格破壊で安くて便利な合繊の既製ふとんと、一家に三台の所有となったエアコンの普及、そして昔から伝わるふとんの良き習わしを伝える人の（戦後生まれの人口が戦前生まれの人口を上回ったのは昭和51年（1976）、以来四十五年経過、習わしを伝える人も激減しました）不在です。

なかでも、エアコンの存在は就眠環境を劇的に変える効果をもたらしました。それは、季節に関係なく一年中寝室の温度湿度を自由にコントロールできるようになったため、以前から定着していた季節に応じたふとんの「組み合わせ」や「使い分け」「布団の日干し」など、快眠・安眠に必要な良き習慣を一切排除してしまいました。そのため、過度にエアコンに依存する人たちが増え、睡眠障害を訴える人たちを生み出しているのです。

このような悪循環は、睡眠や寝具に対する無知・無関心・無頓着から起こる行動以外になく、ふとんの手入れなど教え示す人たちの不在の結果起こる現象というほかありません。ここに改めて、睡眠の意義や素材による寝具の機能について生理的な知見を広める必要があると痛感いたしました。

# 第三章

## 使い捨てふとんの問題点

## 一　なぜ、木綿の手作りふとんが衰退したのか

### 自家製のふとんから量産既製ふとんへ

戦後、高度成長期（1955年代～1973年代）に入ると、日本経済は民間企業の活発な設備投資により、二桁の経済成長が続き、賃金を押し上げたため、パートタイマーなど、主婦の社会進出が盛んになりました。その結果、家庭でのふとん作りは激減し、徐々に自分の家で作っていたふとんを「寝具店」から買い求めることが多くなっていったのです。

更に、昭和32年（1957）に入り、東レと帝人が共同で、ポリエステルの特許実施権を持つ英国ICI社との技術援助契約を締結すると、従来の木綿の綿ワタに代わってポリエステルふとん綿の開発に弾みがつきました。[68]いわゆる軽くて暖かい新素材の登場は「寝具革命」と言われるほど、大きな話題となりました。昭和36年（1961）寝具メーカーが、海外より合繊ふとんのキルト縫製マシンを導入すると、一気に合繊既製寝具の大量生産が始まり、洋掛け布団の大量生産が軌道に乗るようになったのです。それを後押ししたのが、昭和35年（1960）池田内閣の下で策定された長期経済計画（閣議決定された際の名称は国民所得倍増計画）の策定でありました。所得倍増計画を掲げて驀進した日本の経済は軌道に乗り、大量消費時代に突入したのです。

国内では昭和41年（1966）以後、57カ月に及ぶ「いざなぎ景気」が始まり、世の中は大量生産・大量消費時代が始まりました。車・クーラー・カラーテレビが「新三種の神器」ともてはやされ、「大きいことはいいことだ」とコマーシャルがさらに消費を煽り立てる。この流れを受けて合繊ふとんメーカーの量産に

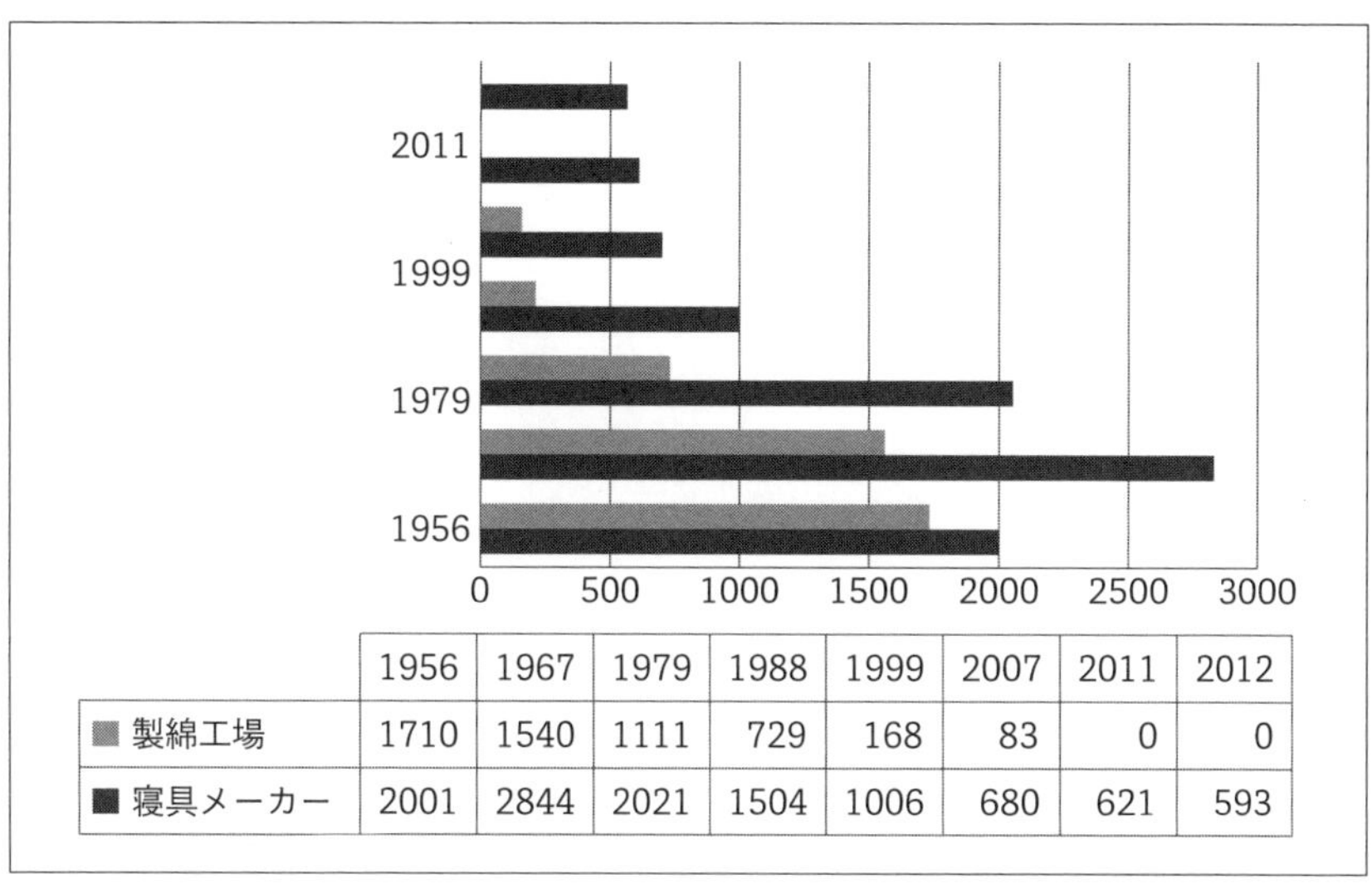


| | 1956 | 1967 | 1979 | 1988 | 1999 | 2007 | 2011 | 2012 |
|---|---|---|---|---|---|---|---|---|
| ■ 製綿工場 | 1710 | 1540 | 1111 | 729 | 168 | 83 | 0 | 0 |
| ■ 寝具メーカー | 2001 | 2844 | 2021 | 1504 | 1006 | 680 | 621 | 593 |

**図表１　寝具メーカー及び製綿工場の年度別推移**（経済産業省「商業統計」）

弾みがつき、１９５６年代国内における寝具メーカーは２００１社にすぎませんでしたが、昭和42年（１９６７）には２８４４社と一気に四割強も増加しました（**図表１**）。

婚礼寝具も洋風化が進行、婚礼寝具の大型化が進みました。従来の緞子手作り組布団に代わって、甲州のブロケード使いでテトロン綿が入った洋式組布団を組み合わせて、持参する習慣が定着したのです。このころから、一般的に掛けふとんの洋風化やふとんの既製品化が進み、木綿の手作りふとん離れが徐々に進行するようになっていきました。そのあおりを受けて、製綿工場も昭和31年（１９５６）、全国で１７１０社を数えましたが、十年後の昭和41年（１９６７）には１５４０社と約10％も減少しております。その後の製綿工場の減り方は凄まじく四十年後の２００７年には83社と激減し、２００７年を以て統計にすら上ることはなくなりました（**図表１**）。

国内の寝具メーカーも、プラザ合意による中国への工場移転や、逆輸入の価格競争によって撤退を余儀なくされ、２０１２年５９３社と全盛期の約五分の一に激減しているのが分かります。そのため、現在流通しているふとんの大半は、従来の手作りふとんに代わって合繊既製輸入ふとんが大半を占めるようになったのです。

## 新価格革命

寝具の販売は主に、寝具専門店・百貨店・量販店（チェーン・ストア）・無店舗販売の４者で販売を競っていました。１９５０年代は木綿の手作りふとん、60年代は合繊の洋掛けふとん、さらに70年代後半に入ると国産の羽毛ふとんが商材の主役となり、販売されるようになりました。特に羽毛の場合は、高額なため丁寧な「コンサルティングセールス」によるクレジット販売が展開され、羽毛ふとんブームが起こりましたが、それはごく限られた消費者の範囲にとどまるものでした。

しかし、１９８４年以降、消費者の低価格志向に寄り添った価格設定や商品企画で一気に売り上げのトップに躍り出た通販など無店舗販売の躍進によって、高嶺の花であった羽毛のふとんは、一気に大衆化することになりました。無店舗販売による新価格革命がおこったのです。そのきっかけとなったのが、１９８５年プラザ合意の後、中国に工場を移転した寝具メーカーが量産した羽根・羽毛、合繊既製ふとんの逆輸入販売を無店舗販売が一手に引き受けたことに始まります。

それは、当時羽毛に対して、消費者の底流に流れていた高級化への願望と一体化して、羽根・羽毛製品を対象に、無店舗販売により新たな「価格破壊」と流通革命をもたらしたからなのです。しかし、こうした羽毛製品への移行、普及は、「価格破壊」の美名のもと、「粗悪品」の力を借りることなくしては普及は可能でなかったと言えるのです。今後、粗悪品との差別化をどう図るか、課題となっています。[69]

こうして、新価格革命の進行によって需要と供給のバランスが崩れ、内外価格差の拡大に伴う既製輸入ふとんの輸入増も重なって、無店舗大手量販店の小売業者優位の構造が定着しました。それに伴い、木綿ふとん離れ・寝具店離れが顕在化し、専門店は苦戦を強いられるようになり、廃業が続出しました。

大手小売業者は更なるコストダウンを目指し、卸やメーカーに対して取引条件の改善を強く求めるようになりました。取引卸の絞り込みや「問屋中抜き」によるメーカーとの直結も目立ようになり、国内における多くの問屋やメーカーが整理淘汰されることとなったのです。[70] こうして、国内寝具メーカーは１９８８年以降、寝具問屋はバブル崩壊後の１９９４年以降ともに廃業や倒産を余儀なくされ激減していることが分かります（**図表２**）。

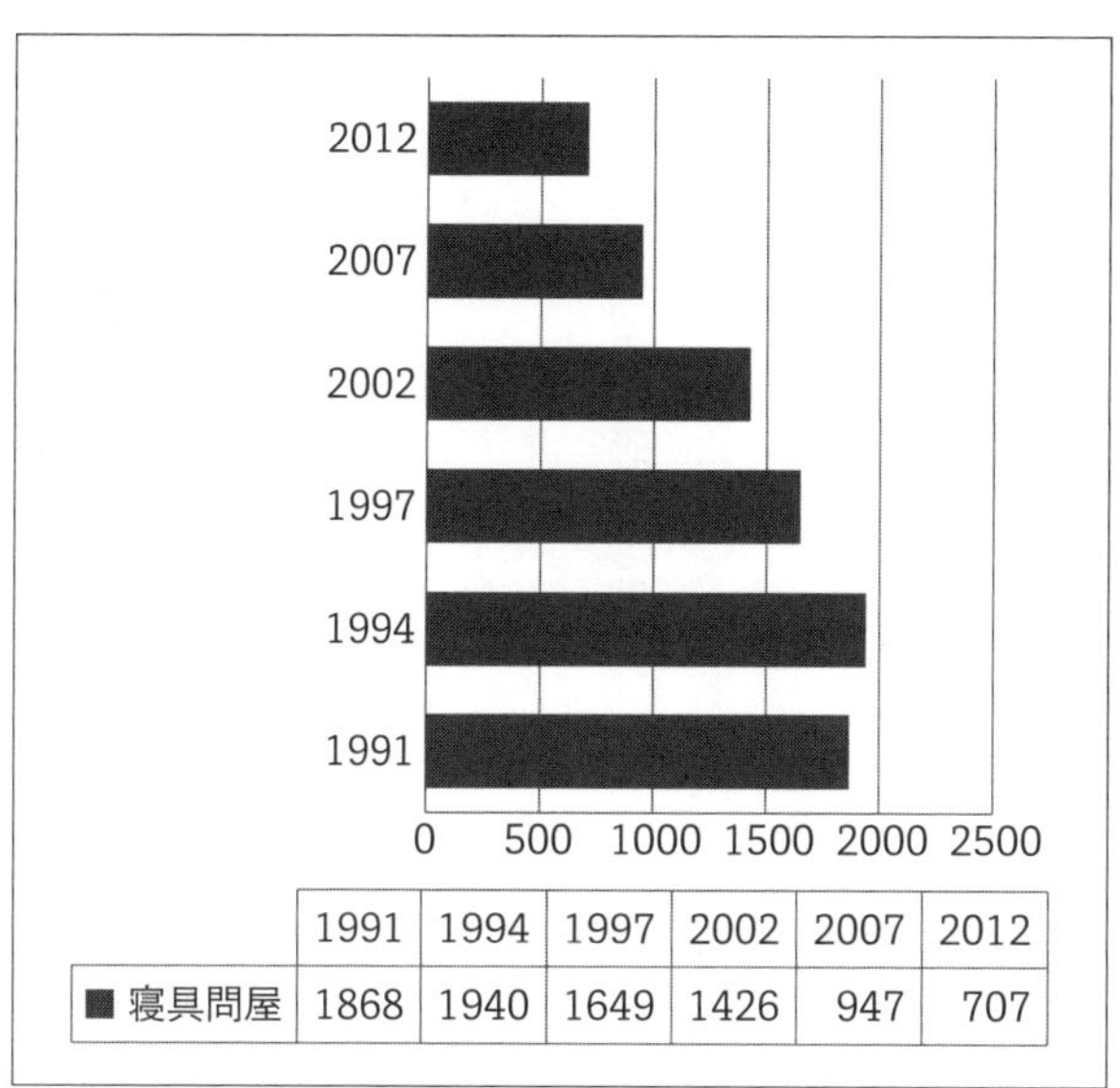


| | 1991 | 1994 | 1997 | 2002 | 2007 | 2012 |
|---|---|---|---|---|---|---|
| ■ 寝具問屋 | 1868 | 1940 | 1649 | 1426 | 947 | 707 |

**図表２　寝具問屋の年度別推移（経済産業省「商業統計」）**

これにより、日本独特の従来型「多数の小規模業者による多段階流通」システムが揺らぎ始め崩壊していきました。この傾向に拍車をかけたのが、バブル崩壊後の１９９５年３月７日には、円が１ドル90円を突破、国内不況が深刻化したこと、さらに同年４月28日24歳以下、若者の完全失業率が最悪の７・５％の発表があった以降のことであります。[71] 円高下の製品輸入急増でデフレが加速し物価が下がり続ける中で、生活防衛で賢くなった消費者が、これまでのメーカー主導の価格形成を支えてきた仕組みを突き崩すことになったのです。

これを裏付ける記事としては、総理府が1994年10月に実施した「物価問題に関する世論調査」があります。それによると、商品の低価格化を歓迎する国民の物価意識（価格破壊が好ましい66・2％、好ましいと思わない18・7％、解らない15・1％）からは、「価格破壊が好ましい」が多数を占めているのが分かります。[72]

## 消費者の低価格志向

1990年2月に株価が暴落しバブル経済が崩壊すると、企業はリストラと海外生産・海外進出によって不況乗り切りを図る一方、国内の需要喚起に躍起になりました。長引く国内景気の低迷、年を追うごとに更新する失業率、就職の氷河期と言われた若者の就職難、更に追い打ちをかけたのが、山一證券など1997年11月に相次いで起こった金融機関の破たんでした。

消費者は長引く景気低迷の不安から自己防衛のため、徹底して商品の低価格志向を強めるとともに、さらに買い占め・買い渋り・買い控えなど、あらゆる手段を講じて生活防衛に躍起になりました。その結果、デフレがデフレを呼び、雪崩を打つようにあらゆる商品の価格は下落し続け、物によっては三十年前の価格に逆戻りする商品も目に付くようになったのです。

日本の経済状況は恒常的に悪化の一途をたどり、長い期間暗いトンネルの中を迷走することになりました。さらに、2005年頃からは、所得格差の拡大と貧困層の拡大が同時並行して顕在化し、大きな社会問題となったのです。世界的規模での経済環境の変化と、その中で進んだ労働の規制緩和による非正規雇用の激増などによって、労働条件の悪化と所得の低下が進行していることが、誰の目にも見えるようになりました。

どれだけ働いても豊かになれず、働いても報われない人たちが大勢生まれ、生活保護水準以下の暮らしを強いられている人たち、「ワーキングプア」が大量に生まれ、深刻な社会問題となったのもこの時期でありました。[73]

雇用の不安定化、非正規雇用の拡大は、男性賃金の低下や雇用の流動化を招き所得格差が急拡大するばかりではなく、結婚できない若者の増加、留まることのない出生率の低下、経済破綻による一家離散、子供の貧困、身寄りのない中高年シングルの増加、経済の悪化による自死の増加など、多くの問題を発生させることになりました。[74]

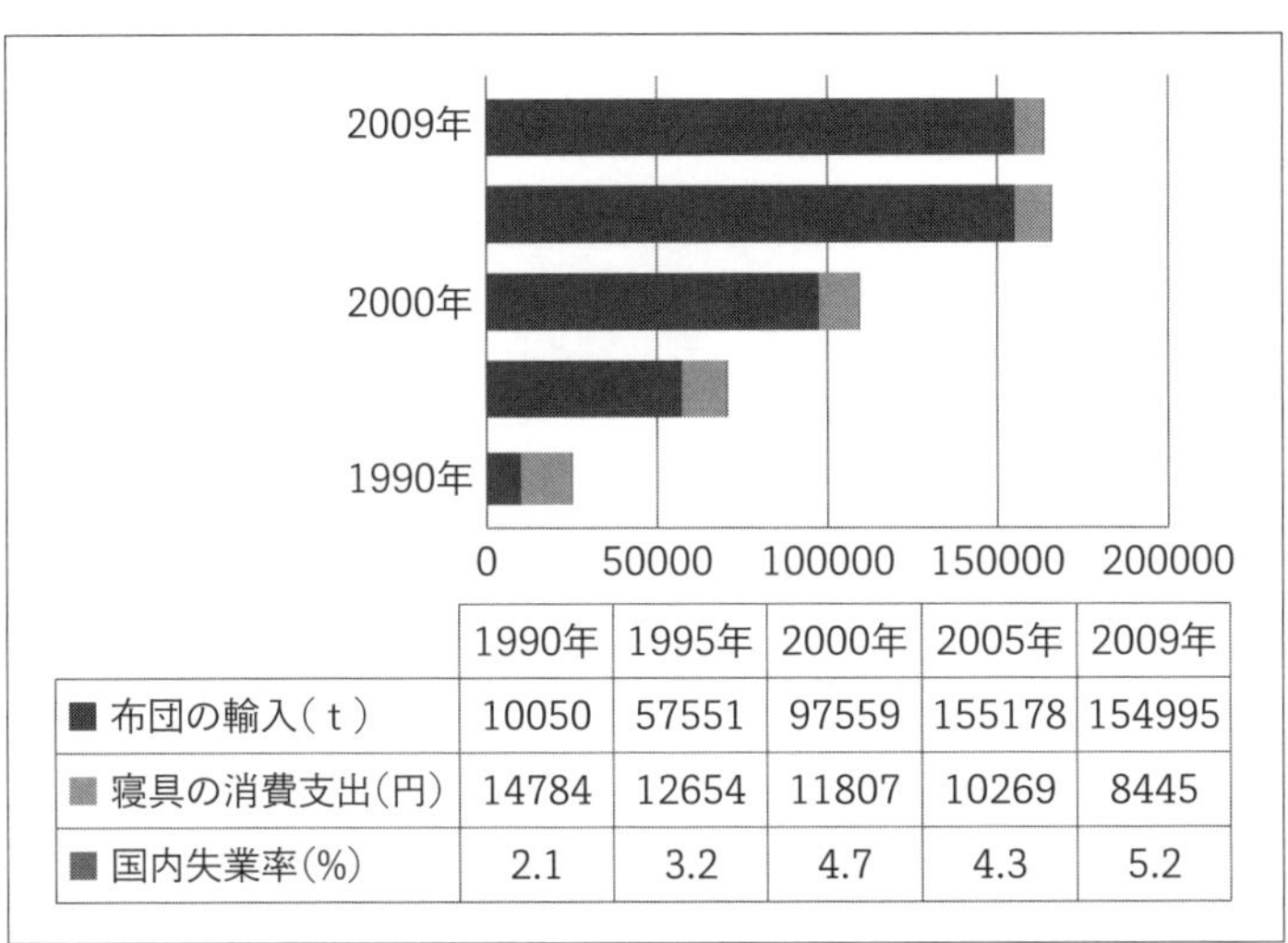


| | 1990年 | 1995年 | 2000年 | 2005年 | 2009年 |
|---|---|---|---|---|---|
| ■ 布団の輸入（ｔ） | 10050 | 57551 | 97559 | 155178 | 154995 |
| ■ 寝具の消費支出（円） | 14784 | 12654 | 11807 | 10269 | 8445 |
| ■ 国内失業率（%） | 2.1 | 3.2 | 4.7 | 4.3 | 5.2 |

**図表 3　寝具の輸入、家計支出、国内失業率**

**図表3**（経済産業省「繊維生活用品統計」・総務庁統計局家計消費支出は「家計調査年報」による）は、バブル崩壊以降失われた二十年と言われるほど日本経済が失速し、デフレがデフレを呼び物価が下がり続ける極めて不安定かつ混乱に満ちた世情の中で集計された当時の国内失業率、寝具の家計消費支出、ふとんの輸入量を表したものであります。

これによると、将来に希望の持てない混迷した政治や経済情勢の中で、一般家庭の寝具にかける消費は、バブル崩壊前の1983年1万7890円をピークに下がり続け、1990年には1万4784円となり、2009年にはついに8445円と半分以下に激減しているのが分かります。一方1990年、国内失業率2・1%の時のふとん輸入量は、僅か1万50トンでありました。しかし、所得格差が拡大し国内失業率が5・2%となり、寝具にかける家計支出が最低となった2009年には、15万4995トンと1990年に対して既製ふとんの輸入量が一気に十五倍強と激増しているのが分かります。消費者は競って割高な羽毛や羊毛、木綿の手作りふとんから、限り無く安い低価格合繊既製輸入寝具を買いあさるようになったのです。

このような傾向が顕在化したのは、失業率が5%となり、社会不安が一気に噴出し、所得の減少と共に物価は下がり続け、デフレが収まらない2001年以降のことであります。なぜなら、寝具としての機能性に劣る「使い捨て寝具」と分かっていながら買わねばならぬ理由があったからです。それは、「お金を節約できる」と信じていたからです。[75] その結果、ふとんは、いつでも安く買うもの買える物「安く買って使い捨てる物」という悪しき習慣がここに定着することになりました。

しかし、皮肉にも消費者が経済的に圧迫され困窮した際にやむを得ず買う商品やサービスにより、個人の可処分所得が減少するたびに、三十四期も連続して増収増益を達成したニトリホールディングスなど、[76] 大手量販店の収益が増大し、組織が拡大していく事実があります。このように安く販売しても、しっかりと利益が出るのは使い捨てのふとんに対して、その処理コストや資源消費が地球環境に与える影響、処理過程で発生する環境汚染等に対する費用が全て消費者負担で、使い捨てふとんの価格に全く反映されていないからなのです。

問題なのは大手小売業者優位の構造が定着した現在、低価格志向の消費者を取り込むため、ものづくりに当たっては他社に優先して、どうすれば自社製品が顧客に選択してもらえるか「売れるか」が、最優先の商品政策課題となっています。[77] そのため、さらなるロープライスを設定する結果、低価格商品＝低品質（粗悪品）＝使い捨てのふとんとなり、日々使い捨てのふとんは量産され、廃棄され続けて、歯止めがかからなくなっているのです。

## 二　なぜ、使い捨てふとんが環境問題になるのか

### 増え続けるふとんのごみ

大量消費社会の誕生後、バブルの崩壊、リーマンショック、コロナ問題と、度重なる危機のたびに、ふとんに対する消費者のニーズや意識も大きな変化を遂げていきました。すなわち、ふとんを「リサイクルをして長く使う」から、既製ふとんを可能な限り「安く買って使い捨てる」傾向が完全に定着したのです。そのため、木綿のふとんや羽毛・羊毛に代わって、現在幅を利かしているのが、リサイクルの出来ない「使い捨ての」、合繊既製輸入ふとんが圧倒的に多くなっています。もちろん理由は価格の安さにあります。

例えば、２０２１年8月現在、掛ふとん・敷ふとん・枕・収納袋の4点セット３９８０円（某社ネット販売）[78]や同じく4点セットをアイリスプラザネット販売では２９８０円[79]など、価格を競いながらネットで買気を誘っています。なんと、日本製フラットシーツ一枚の値段で買えるという触れ込みです。そのため、ふとんは消耗品としての感覚で気楽に買って気楽に使い捨てる価値のないものに下落してしまいました。

**図表4**は、江戸川区における粗大ゴミの年度別推移を示したものであります。平成19年度江戸川区で焼却処分した布団の量は、年間収集持ち込みで合計4万３０３８枚でした。しかし、それ以降は、年間に約二千

枚以上の割合で増え続け、十年後の平成29年度には、6万4545枚となり約50%も増加し、「使い捨てのふとん」に歯止めがかかりません。

| | 2007年 | 2009年 | 2011年 | 2013年 | 2017年 |
|---|---|---|---|---|---|
| タンス | 35090 | 39333 | 46004 | 49685 | 55748 |
| ふとん | 43038 | 46747 | 50468 | 56695 | 64545 |
| 椅子 | 17031 | 27866 | 32258 | 24790 | 28402 |

**図表4　江戸川区の粗大ごみ年度別推移（単位：個）**

では、使い終わったふとんは、どのような形で処分されるのでしょうか。来店客アンケート調査2014年（平成26年）によりますと、ふとんの処分先として1番目は、江戸川区の受付センターに依頼する62%。二番目は、分別ごみで出す14%。三番目は、寝具店に依頼して処分する23%。四番目は、その他1%となっています。そのため、江戸川区が受け付ける使い捨てふとんの量は全体の約62%にすぎないのです（**図表5**）。

平成29（2017）年、区に処分を依頼したふとんの枚数は、6万4545枚でありました。自分で分解して家庭ごみとして出す人1万4574枚、寝具店等業者に処分を依頼する人2万3943枚、その他不法投棄など1041枚、合わせて合計10万4103枚のふとんが年間江戸川区で捨てられている勘定になっています。[80] そのうちの62%、一日平均約176枚以上の使い捨てのふとんが、江戸川区で処分されているのです。

また、人口の割合で、年間当たりふとんの使い捨て枚数を換算すると、江戸川区の人口は、令和2年7月1日現在69万9364人で、年間におけるふとんの処分量は、人口比の約15%、10万4100枚に当たりま

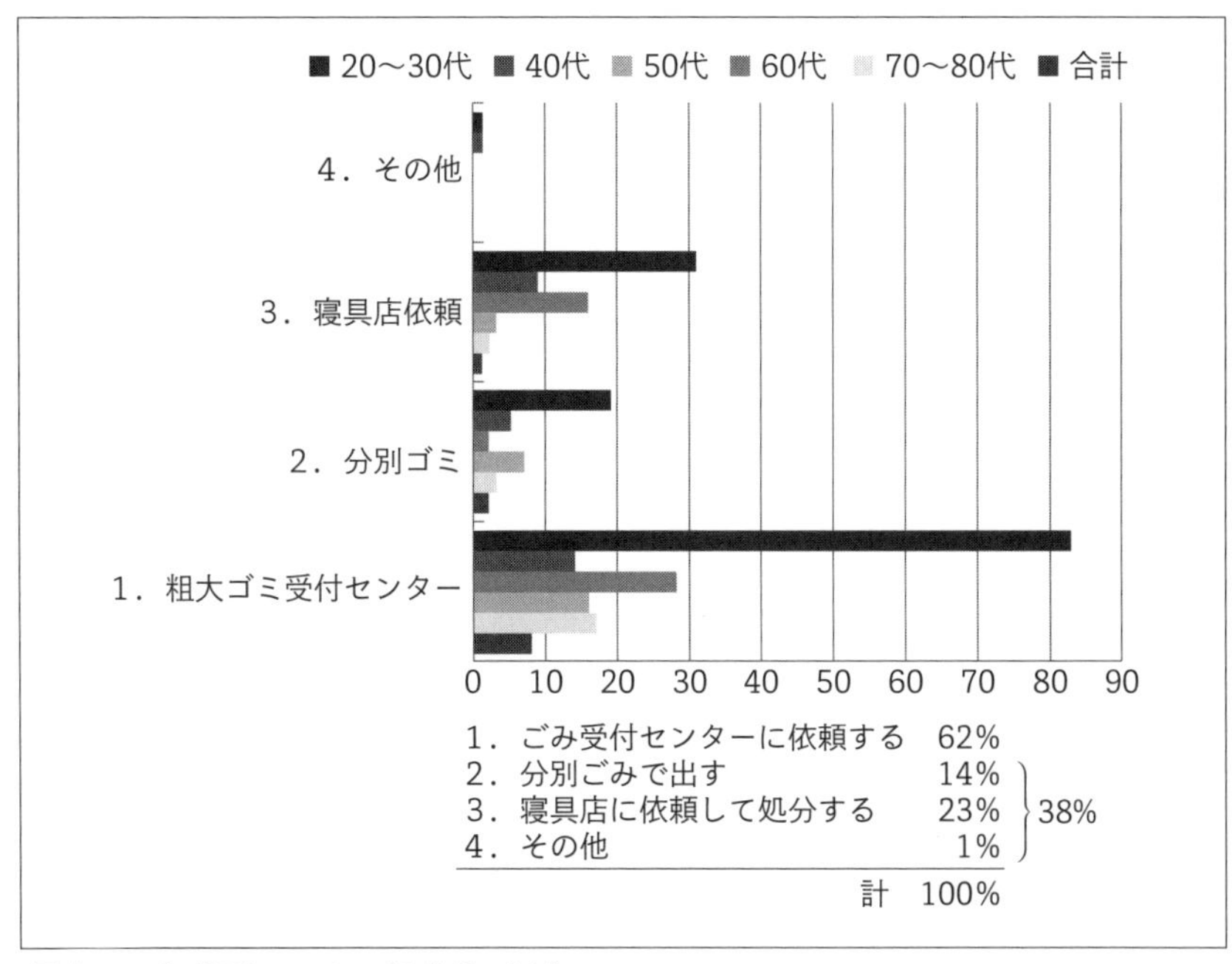


**図表５　年代別ふとんの処分先（人）**

▶江戸川区が受け付ける使い捨ての布団は、全体の約62%である。残りは分別ごみ・寝具店依頼他で38%に上る。

▶全体を合計すると、平成29年度江戸川区で一年間に捨てられる布団の量は、約104,103枚と推察される。

す。全国的には、平成29年（2017）10月1日現在（概算値）〈総人口〉　1億2670万6000人[81]でありますので、その15%＝1900万5900枚相当の合繊ふとんが、年間捨てられている勘定になります。この数字は、2017年合繊ふとん輸入量1907万枚とほぼ符合します。

## 使い捨て布団による大気汚染（二酸化炭素）

木綿の手作りふとんは、木綿のふとん綿をリサイクル「打ち直し」をして大切に長く使いまわし、ゴミとして捨てることはありませんでした。なぜなら、リサイクルさえすれば新品同様に復元するばかりではなく、新調するよりはるかに安い半値以下の価格で購入することができたからです。そればかりではなく、ゴミを減らす以外にも利点が大きいからでした。つまり、新製品を作るために必要となる原材料やエネルギー、処分のための二酸化炭素の排出やふとんの焼却費用を減らす、大きなメリットがあったからです。まさに、打ち直しという仕組みには、Reduce（ゴミ削減）、Reuse（再利用）、Recycle（再資源化）という環境活動の3Rを見事に果たしてきた実績があるのです。

しかし、バブル崩壊後、30年続いたデフレのなかで、合繊や羽根・羽毛など既製輸入寝具の場合、市場経済のもとで、恒常的に値段は下がり続けてきました。消費者は値段が下がることはあっても上がることに慣れていない面があると同時に、値段が上がることへの抵抗感が強くなっています。そのため企業自身も、売り上げが下がるとすぐに値段を下げ、乱売に走るという状況が繰り返されてきました。そのため、ふとんの価格競争（薄利多売）＝粗悪品となり、睡眠の質的劣化が懸念されるばかりか、大量の使い捨てのふとんが廃棄され、焼却処分により日常的に二酸化炭素を大気中に排出し続けています。このような構図は、力関係において、メーカーの力が衰え、大手小売の力が相対的に大きくなった弊害と見ることもできるのです。

このように、市場経済の発展は価格競争を煽り、大量生産・大量消費・大量廃棄が続き、石油、石炭などの化石燃料の消費量を著しく増大させてきました。それに伴って二酸化炭素などの排出量が急激に増加して、大気の全般的な温度上昇が起こり、地球の温暖化が進行しています。その結果、海面の上昇・干ばつや洪水・山火事・生態系の変化など異常気象がもたらす災害が、世界各地で頻発し、今、大きな国際問題となっているのです。[82]

二酸化炭素などの温暖化ガスの増加により、今世紀末には気温が四度上昇すると予測され、従来の影響に加えて感染症の拡大や熱中症の増加が心配されています。[83] また、国連の気候変動に関する政府間パネル

**写真１　江戸川区で毎日処分されるふとんや家具類**
江戸川区では毎日176枚以上のふとんが捨てられている（左）。右は家具類共に一日分。

（ＩＰＣＣ）は９日、産業革命前と比べた世界の気温上昇が２０２１～40年に１・５度に達するとの予測を公表しました。人間活動の温暖化への影響は「疑う余地がない」とし、自然災害を増やす温暖化を抑えるには二酸化炭素排出を実質ゼロにする必要があると指摘しています。[84]

## 「使い捨てふとん」焼却費用の増大

人間の生活にとって、ゴミの排出は避けては通れない必然的なことであります。モノはその寿命が終われば、ゴミとなる宿命を持っています。短期的にはゴミにならないまでも、使われなくなり「タンスの肥やし」となって、消費者のところに滞留しゴミ化します。事業経営者から見れば、製品寿命は短いほど良く、「ゴミとして捨てさせること」も、売り上げを拡大する一つの方法となっているのです。まだ十分に使える機能があるにもかかわらず、デザインを変更したり、価格を下げたりして、計画的に製品の陳腐化を図り消費者の欲望を刺激して、消費者・生活者にゴミとして廃棄させることで、「使い捨てふとん」の販売を得意とする企業は成り立っています。また、定価より安く買うことが当たり前になった消費者を取り込む方法として、ネットというツールを効果的に利用し、価格をアピールして買気を誘っています。

こうした背景のもとで、江戸川区の「使い捨ての布団」は、年率20％の割合で増え続け、歯止めがかからなくなっています。江戸川区だけで平成29年（２０１７）度は、６万４５４５枚でした。粗大ごみ1トン当り、焼却処分にかかる処理費用は約9万円となっています。ふとん一枚２・５kgと換算した場合、ふとん一枚の焼却処理コストは約２２５円となり、平成29年（２０１７）度は使い捨て布団を処理するだけで一年間に１４５２万２６２５円の公費による処理費用がかかっています。

万一、伝統的な木綿の手作り布団の見直しを図らず、再生を講じないまま放置した場合には、近い将来リサイクルの優等生であった木綿わたの手作りふとんは駆逐され、全てのふとんが焼却処分の対象となる寝具に置き換わる日も覚悟しなければならなくなったのです。その場合には、公費による使い捨てのふとんの処理費用は計り知れません。

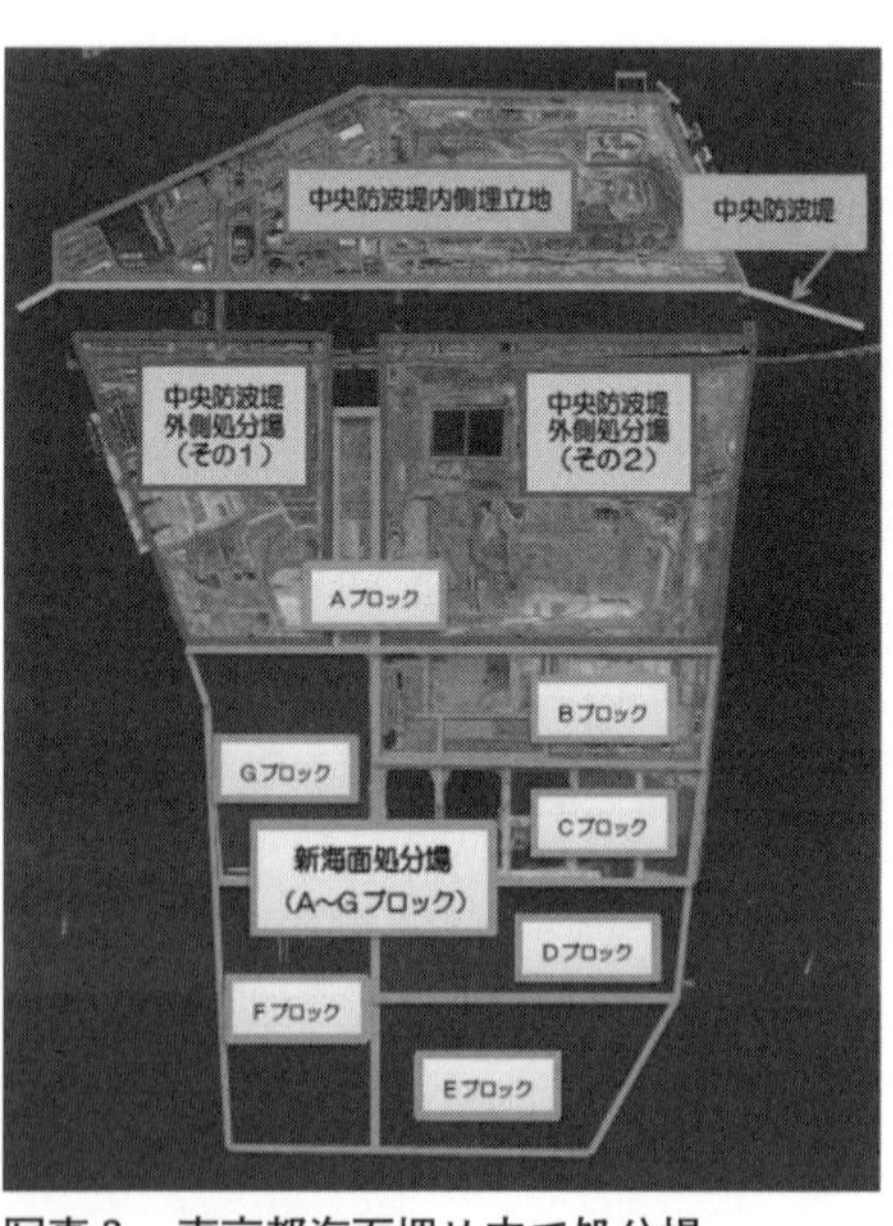

写真２　東京都海面埋め立て処分場

## 埋め立て処分場の限界

都の廃棄物埋立処分場では、二十三区及び東京二十三区清掃一部事務組合から委託を受けた廃棄物や、都内の中小事業者が排出する産業廃棄物の一部を埋立処分しています。現在、廃棄物の埋立ては、中央防波堤外側埋立処分場（**写真２**）及び新海面処分場Bブロックで行われています。この新海面処分場は当初は寿命が三十年程度だと言われていました。しかし、リサイクル技術の向上などで、今ではおよそ五十年と言われていますが、いずれ限界がきます。ごみ埋め立て地の新設は容易ではありません。土地の確保・周辺住人の理解・環境への影響など多くの困難が待ち受けています。

このようなゴミ埋立地の問題を解決することは大変難しいことですが、私たち一人一人の心がけ一つで、処分場の寿命を延命することができます。

それはリデュース・リユース・リサイクルの３Ｒを徹底することです。

●リデュース（Reduce）は無駄にゴミを出さないことで、環境に害を与えず、資源を大切にすることです。具体的な取り組みとしては以下のようなものが考えられます。

無駄なもの、必要ないものは買わない。

商品を購入する際に過剰な包装は断る。

ものは長い間、大切に使う。

食べ残しなど食品を無駄にしない。

●リユース（Reuse）は一度使ったものをゴミとして処理せずに、何度も使うことを意味します。具体的な取り組みとしては以下のようなものが考えられます。

不用になった家具や電気製品を捨てずに知り合いに譲る。

ガラス瓶の製品は回収して再使用する。

リサイクルショップやフリーマーケットを活用する。

詰め替えできるボトルや容器を使用する。

●リサイクルとは使い終わったものをもう一度資源に戻し、製品を作ることで、木綿の手作りふとんの「打ち直し」がその最たるものなのです。

## 三　なぜ、使い捨てのふとんが健康問題を起こすのか

### 品質について

寝具は本来家庭での自家製が主流であったため、自分の好み体形に合った重さや軽さ大きさなど自由にふとんを作ることが出来ました。そのため、外注をする場合でも自分に合う条件を伝えて誂る、オーダーが主流を占めていたのです。すなわち、夏用、冬用、合い掛けふとんなど、種類に応じて綿や季節に応じた生地を選び、重さ軽さを指定し、安眠・快眠を満たす中綿の品質や機能を重視して購入していました。

そのため、エアコン以前の寝床環境では、寒い暑いは寝床内気候をコントロールすることによって、安眠・快眠のための条件を整えながら、健康に生き抜いてきた歴史があるのです。そのため、ふとんにかける金額やふとんを清潔に保つ手入れは厭いませんでした。毎日、生理的な寝汗を吸ってふとんが固くなった場合でも、ふっくらと蘇るふとんの日干しや、季節によるふとんの「組み合わせ」、「使い分け」をこまめにおこなって、「床内気候」をいつもベストな状態に保っていたのです。

しかし、自らも木綿手作り布団で寝起きし、親からふとん作りや手入れの仕方などの「知恵」を受け継ぐことのできた、70歳代以上の人たちは木綿ふとんのファンが多い反面、ふとんの知識を引き継ぐことのできなかった比較的若い世代におけるふとんの購入基準は、安さを第一に挙げています。そのため「ヘタって底つき感がある」など、品質の劣る海外で量産した合繊の既製ふとんを利用しているケースが多くなっています。消費者庁「平成25年度消費者意識基本調査」（図表6）の結果をみても90％以上の消費者が価格を重視

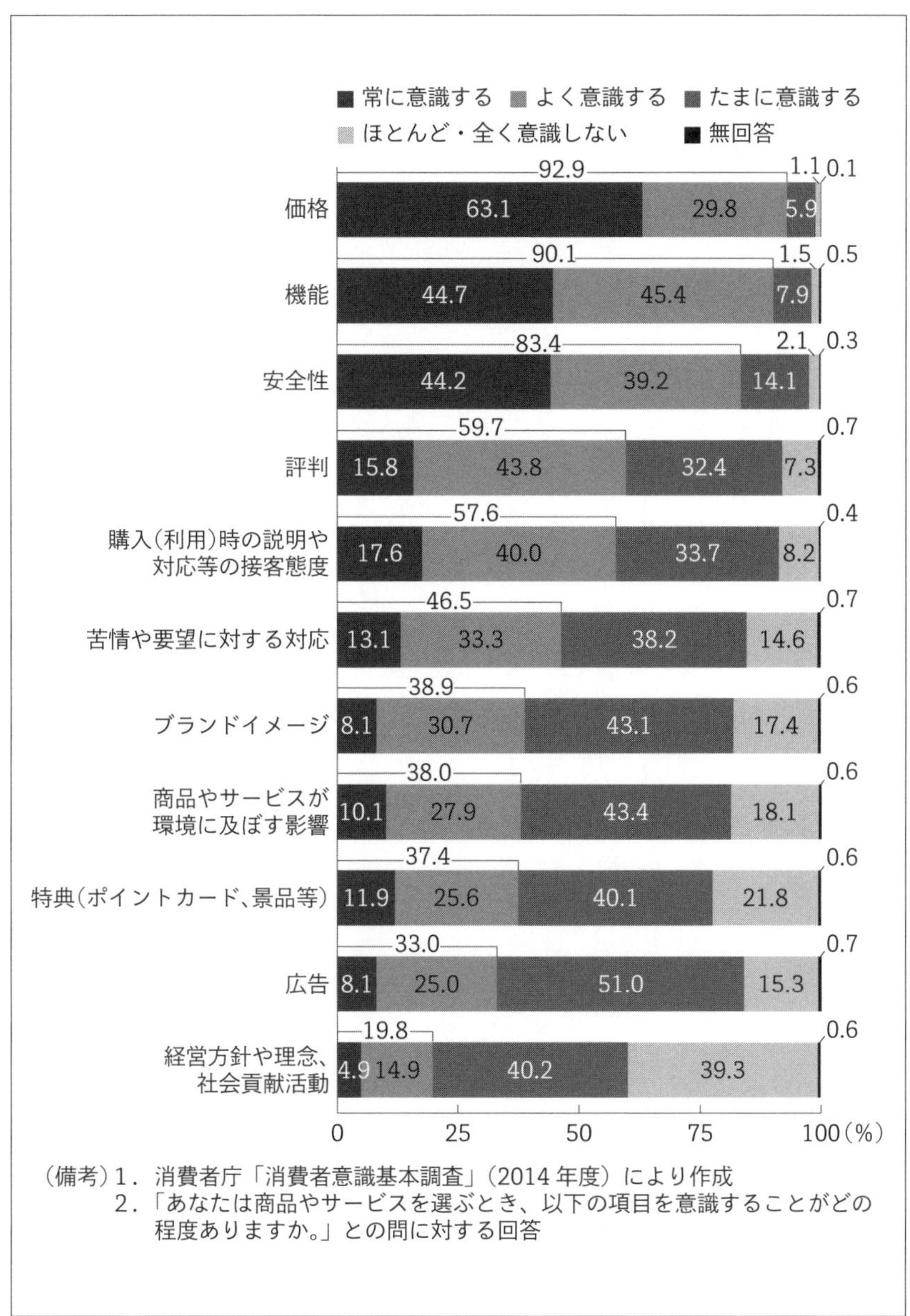


(備考) 1．消費者庁「消費者意識基本調査」(2014 年度) により作成
2．「あなたは商品やサービスを選ぶとき、以下の項目を意識することがどの程度ありますか。」との問に対する回答

**図表 6　商品やサービスを選ぶとき意識すること**

すると答えており、[85] 残念ながら「安眠・快眠」を促す寝具の品質や機能性は二の次になっているのが現状となっています。

## ふとんの劣化

近年、分譲マンションなどのチラシを見ても、日本の気候風土に合った畳の部屋が消え、寝室などフローリングの洋間一色になっています。寝具の配達時に、若い人たちの寝室を覗いてみても、フローリングに「使い捨てのふとん」で寝ているケースが多くなっていますが、フローリングに直接合繊のふとんを使用した場合、吸湿性が全くないため寝汗で蒸れやすく寝苦しい反面、透湿性が高いため、フローリングとの温度差により結露しカビが生じるなど、不衛生なうえ湿気をおび保温力が低下します。

弾力がなく寒い・へたって背中が痛い、蒸れる等の理由で新しい木綿の手作りのふとんに乗り換える客の大半は、大量に生産された合繊の既製輸入敷ふとんを利用している客に多く見られます。価格が安いのが、一番の魅力であるこの敷ふとんは、静電気を発生しやすく吸湿性が劣るため寝汗で蒸れ、床内気候は高温多湿となり、なかなか寝付けない、途中で何度も目が覚める等の、睡眠障害の原因ともなっています。また、使い込んでヘタれば、湿気を帯びて煎餅のように薄くなり、日に干しても回復することはありません。そのため、保温力は極端に失われ寝具としての機能を果たせなくなってきます。そのため、一回ポッキリの「使い捨てふとん」になっているのです。

どうしてこのように、ふとんの劣化が進むのでしょうか。それは価格の安さに表れています。同業他社との差別化を図るため、表の生地を綿からポリエステル100％に質を落とし、合繊敷布団の中綿を4kgから2・5kgへと節約し、ふとんとして果たすべき機能をそぎ落としながら、価格破壊＝品質破壊が進んでいるからに他なりません。

## 合わない化学繊維

「合わないふとん」で、なんとなく眠りが浅く目覚めが悪い、夜中に時々目が覚めるなど、不眠に悩みを持っている人が多くなっています。最近では、寝具や寝室環境の研究が進み、人間の体と寝具、環境との関係の深さが明らかになってきました。ふとんの固さや重さ、枕の高低、あるいは、〝寝床内気候〟と言って、布団の中の温度湿度などが、睡眠に大きく影響していることが分かり、人間工学的見地から、寝具や環境の改善が図られています。[86]

睡眠中は体の深部体温や代謝が低下いたします。そのため、就寝中の寝間着や寝具は覚醒時より保温性の高いものが必要となります。毛布およびふとん内で一番快適な寝床内気候は、温度33±1℃、湿度50±5％の範囲であれば、快適な睡眠がいられるとされています。

人がふとんに入ると、床内温度は上昇しほぼ一定の温度を保ちます。一方、寝床内湿度は急激に上昇したのち低下します。この低下した湿度は、敷ふとんや掛けふとんの外側に移動するため、寝床内気候は乾燥した気候が保たれます。[87]しかし、就寝の環境や寝具により湿度の移動が妨げられると、寝床内の湿度は上がり発汗とふとんにこもった水分の影響で蒸れた状態になり、寝床内環境が極度に悪化します。その結果、発汗によって夜中に何度も目が覚めるようになり、知らず知らずのうちに不眠症状が悪化していく可能性が指摘されています。特に、エアコンと吸湿性に劣る合繊ふとん併用の場合は、寝床内気候を調整しにくいため、睡眠障害等のトラブルが発生しやすくなっているのです。

このようなことから、暑い夏場に体に合わない吸湿性の悪い合繊のポリエステルのふとんで就寝した場合、寝汗で床内気候は高温多湿となり蒸れて寝付けません。だからと言って、一晩中部屋にクラーをかけ続けることは、概日リズムに従って起こる、睡眠後半での体温が上昇せず低下します。そのため、起床時にはとても体がだるく、疲労や眠気もつよく残ります。[88]

## 寝床環境の劣化

エアコン以前の就寝の環境では、季節ごとのふとんの「組み合わせ」「使い分け」を行い、時期に応じてふとんを代えながら寝床内環境の温度を適正に保てるよう工夫してまいりました。湿気をおび重くなった場合でも、週に一度の日干しでふとんを紫外線に当て、綿をふっくらと甦らせて、いつもふとんを清潔に保つ習慣を身に着けていたのです。

しかし、現在において、季節に合った適切な寝具を使用し、ふとんの手当てをしているか？というと、400人中115人約三割近くの人たちは、問題も見られています。季節に応じて寝具を代えず、一年中同じふとんで寝起きし、寝具を清潔に保つふとんの天日干しを年に一度もしたことがないなど、エアコンがなければ就寝ができない依存症の人たちが増えているのです。そのため、エアコンの効率を上げるため寝室の窓を閉め切り、部屋の換気をしないまま、寝床内環境の調整が蒸れやすくて、吸湿性の悪い合繊ふとんの万年床で寝起きしています。

そのため、寝床環境の劣化が睡眠の障害を呼び、「寝た気がしない」「寝つきが悪い」「夜中に目が覚める」「早朝に目が覚める」等の状況を惹起しており、これらは明らかに使い捨てのふとんに起因するものと考えることができるのです。

# 四　なぜ、ふとんのリサイクル「打ち直し」が崩壊するのか

## 現実味を帯びてきた、木綿手作りふとんの消滅

伝統的な手作りの木綿ふとんは人間の生理的な寝汗を吸って固くなっても、ふとんの日干しによって回復し、保温力がアップすると共に寝汗の吸収を助けて爽やかな床内気候を保ちます。経年使用し、日干しで回復しない場合でも、「打ち直し」というリサイクルの手を加えれば、元の通り立派に復元し、新しくふとんを新調する場合の約半額程度で、何回でも作り直すことができるのです。

高価な綿のふとんが、一般の庶民に普及し始めたのは明治の中期以降で、現在まで約１３０年が経過していますが、寝具の中綿として石油を原料とした合繊綿が発表される昭和30年代の後半頃までは、綿のふとんは貴重品であると同時に財産としての価値がありました。それは、ふとんの「打ち直し」というリサイクルが確立されたなかで、古綿の資産価値が目減りするということはなかったからです。

ところが、昭和35年（１９６０）以降、木綿の手作りふとんに代わるふとんの新素材、合繊綿・羽根・羽毛・羊毛が次々発売され、寝具市場を侵食するようになり、木綿手作りふとんは縮小の一途をたどるようになりました。このような傾向に拍車をかけたのが、１９８４年以降羽毛ふとんを対象に、消費者の低価格志向に寄り添った価格設定や価格破壊の商品企画で、寝具売り上げのトップに躍り出た無店舗販売の躍進でした。これによって、羽毛ふとんは一気に普及に弾みがつき大衆化への道を歩みました。

さらに追い打ちをかけたのが、２０００年以降の労働環境の悪化（労働の規制緩和による派遣社員制度など、生活保護以下の生活を強いられるワーキングプアが出現、所得格差が拡大した）でした。そのため、消

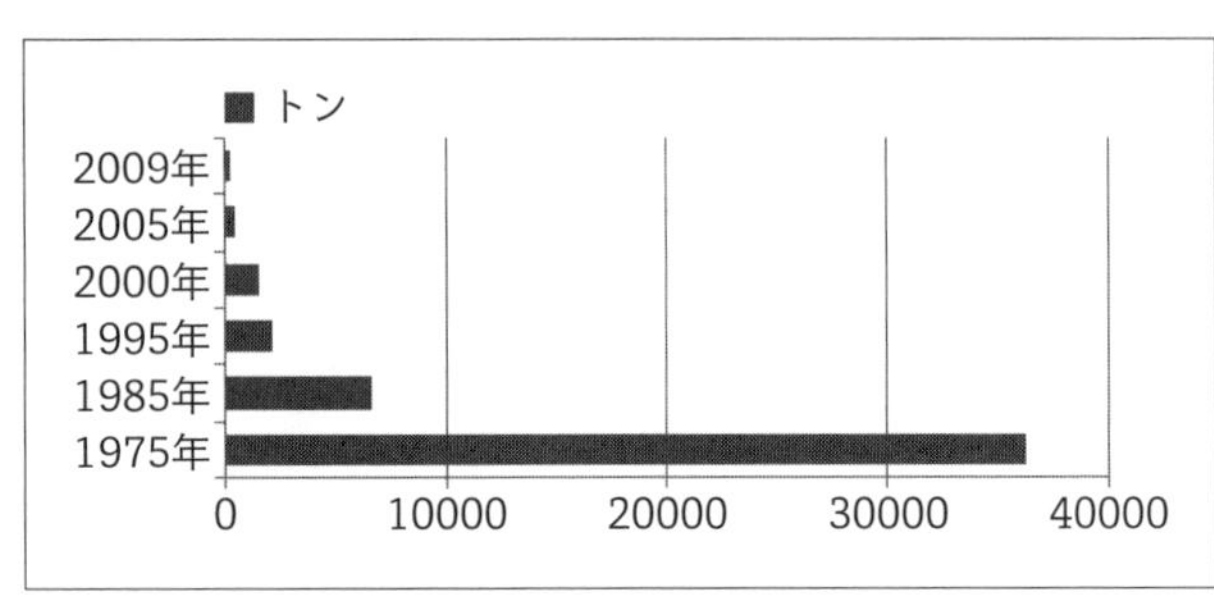

**図表7　製綿の販売量（単位：トン）**

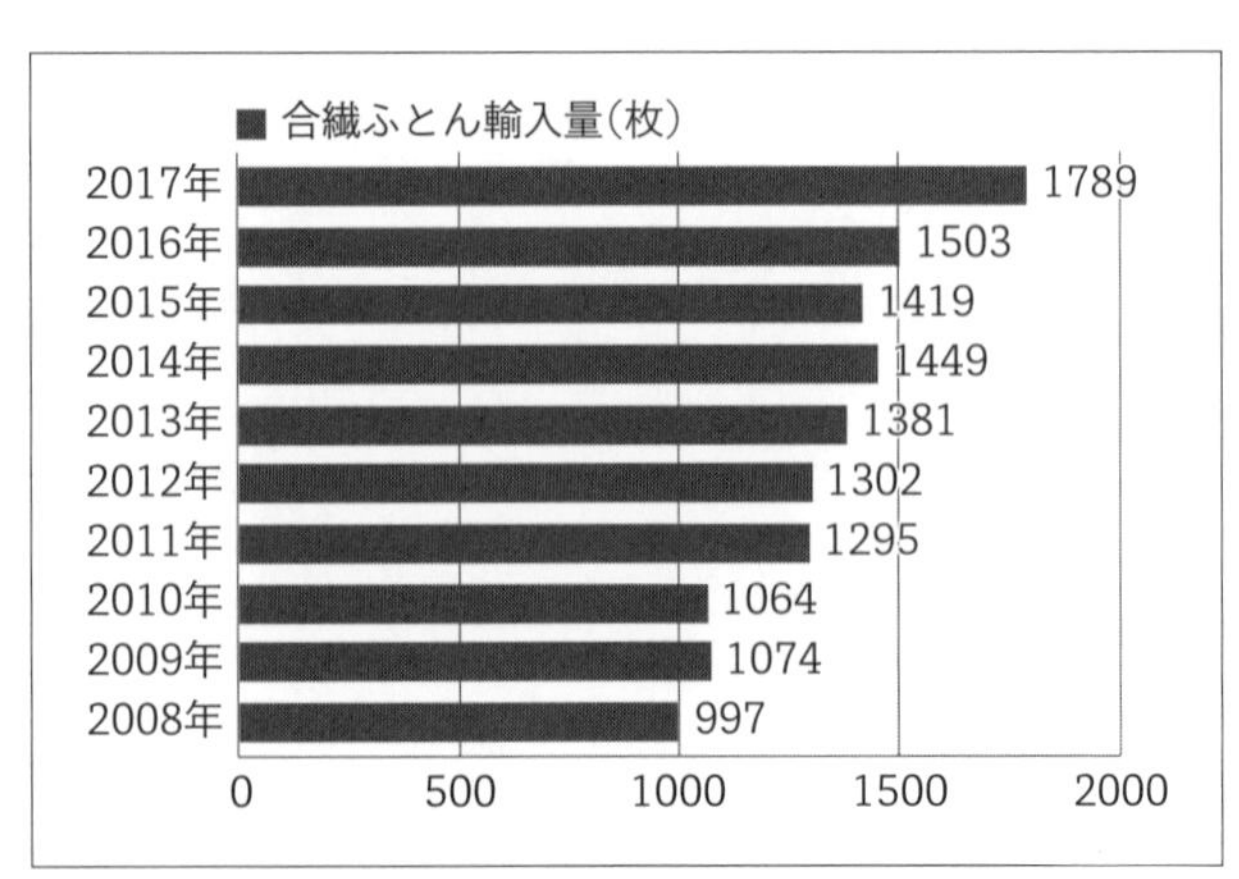

**図表8　合繊ふとん輸入量（万枚）（財務省、貿易統計）**

費者の徹底した生活防衛による節約志向により、再び安くて便利な合繊の既製輸入ふとんに人気が集中したのです。これにより、ふとんは合繊の既製輸入ふとんに置き代り、木綿手作りふとんの出番はなくなりました。

　木綿ワタの販売量は1975年（昭和50）当時3万6208トンと健闘していましたが、34年後の2009年になると、遂に木綿ワタの販売量は166分の1、217トンとなり、以後統計に乗ることはなくなりました（**図表7**）。

　一方、既製ふとんの輸入数量は年を追うごとに増加傾向が続いています。財務省・貿易統計によりますと、2017年のふとん輸入数量は、前年比16・8％増の2181万枚でした。直近の10年間では最多で、2000万枚の大台を突破しました。全体数量を押し上げたのが安価な既製合繊ふとんで、19％増の1789万枚と劇的に伸びているのが分かります（**図表8**）。

羽根・羽毛ふとんも22・2%増と伸び率は高いのですが、総数は２７４万枚と極端に少なく輸入量の全体に占める割合は僅か15・3%にすぎません。84・7%が、リサイクルのできない一回限りのポリエステル合繊既製「使い捨て」ふとんで、輸入量は２００８年に比べ約二倍と鰻登りになっています。

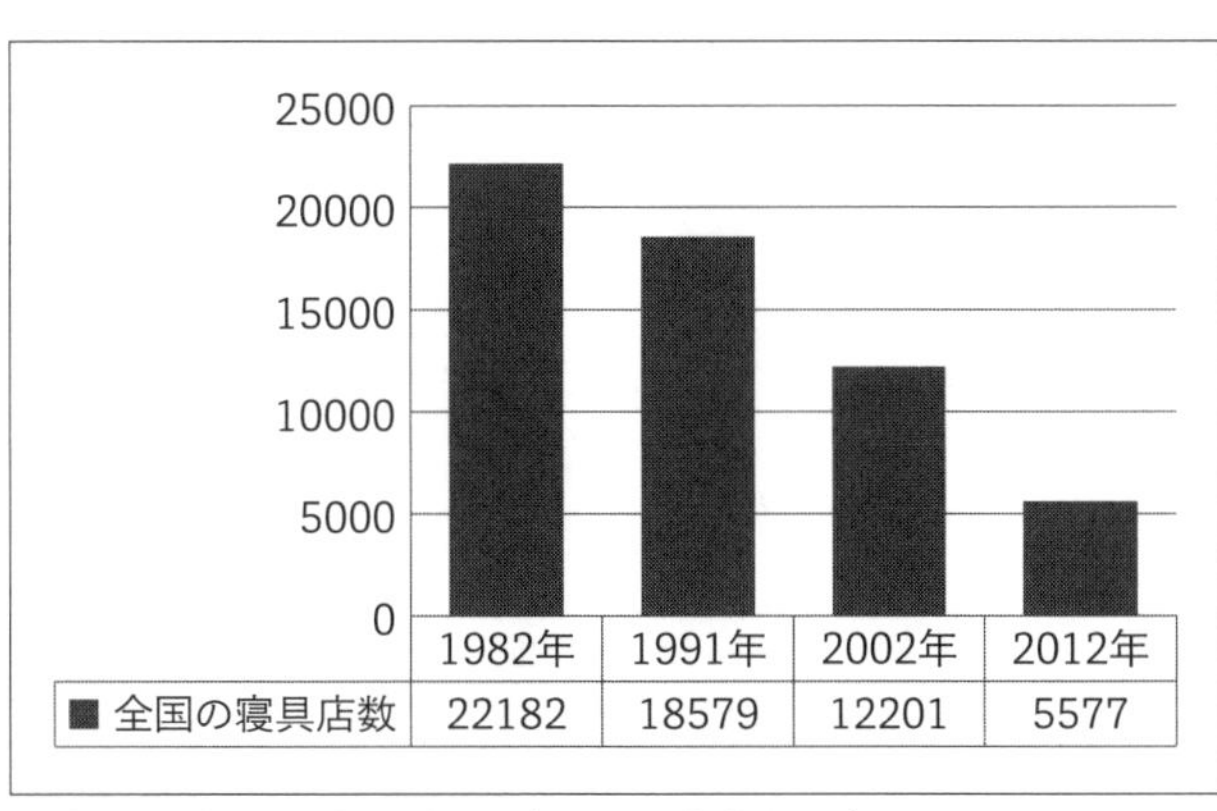

| | 1982年 | 1991年 | 2002年 | 2012年 |
|---|---|---|---|---|
| ■ 全国の寝具店数 | 22182 | 18579 | 12201 | 5577 |

**図表9　全国の寝具店数（出典：商業統計）**

## 寝具店・綿入れ職人・打ち直し工場▼製綿機械メーカーの激減

日本の気候風土にマッチし、リサイクルもでき、人と環境に優しく、まさに二十一世紀型、循環型社会に合致した歴史のある木綿の手作りのふとんも、市場経済（大量生産・大量販売・大量廃棄）をテコにした、リサイクルのできない安価な合繊の既製ふとん・羽根ふとん・羽毛ふとん等の「価格破壊」や「乱売」の前に、打ち勝つことは出来ませんでした。

そのため、ふとんのリサイクル「打ち直し」を生業として発展した寝具店やふとん造りの綿入職人、綿を打ち直す製綿工場も生計を維持することができず、やむを無く廃業の選択が続き、縮小の一途をたどっています（**図表9**）。製綿機械メーカーに至っては一社もなくなり、製綿機の修理を請け負う工場が数社残るのみとなり、製綿機の修理すらままならない状況が続いています。そのため、二十一世紀型循環型社会を先取りしてきたふとんの打ち直し（リサイク

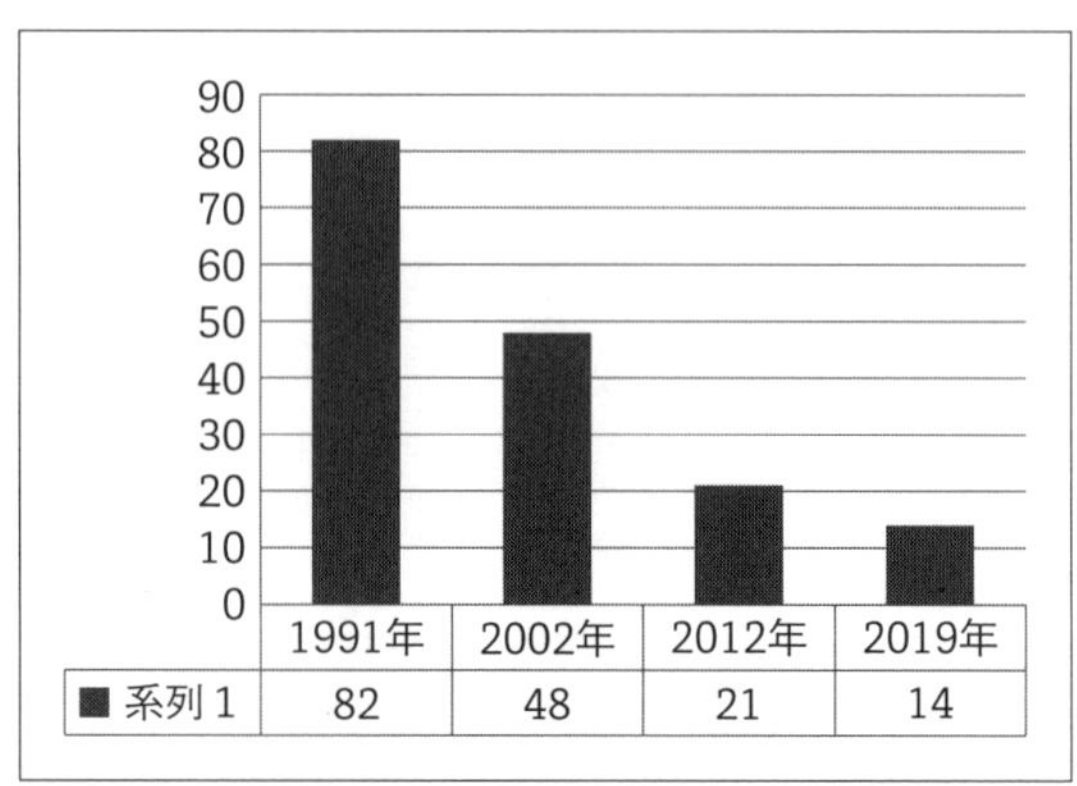


図表10　江戸川区の寝具店数（出典：商業統計）

ル）は、一時の猶予も許されない消滅の危機を迎える情況となっています。

# 第四章

## 今、なぜ木綿の手作りふとんなのか

# 一　なぜ木綿の手作りのふとんを作るのか

## 「素材」の魅力

なぜ手作りの木綿ふとんなのかと問われて、第一に挙げることができるのは、ふとんの中綿素材「木綿ワタ」の魅力であります。なぜふとんの綿入れ職人たちは、そんなに素材に拘り、素材に深く関心を持つのでしょう。綿を知り尽くしているふとんの職人たちは、素材それ自体の性質に関して、特に産地と種類に拘り、その混合割合によって大切な顧客の要望に応えてきた自信と実績があるからなのです。

現在、手作り木綿ふとんの中綿として使用されている主な綿の種類は、インド綿のアッサム・シードコットン及びメキシコ綿（米綿）となっています。米綿は繊維が細長くしなやかで柔らかく、光沢感があり、肌触りの良さと、ドレープ性、吸湿性、保温力の高さから、夏掛け・合い掛け・冬掛け用ふとんなど、主に掛けふとん用中綿素材として利用されております。一方インド綿は、繊維が非常に太く、短く、弾力性とコシがありへたりにくく、丈夫な綿で敷ふとん用として利用されております。また、天然素材のインド綿にテトロン綿を混合したミックス綿は、繊維が太く腰の強いインド綿に、ふっくらとした風合いに軽さとドレープ性があるため、掛けふとんや敷ふとんなど、軽いふとんを好む人たちに愛用されています。これらふとん綿の繊維には、それぞれ混合する比率の匙加減によって、ふとんの用途に合った素材を作り出す魅力がありますす。その技を、綿入職人たちは会得しており、多様な顧客のニーズに対応してきた長い歴史と実績があるからです。

## 「技能」の発揮

なぜ手作りの木綿ふとんをつくるのか、ということについて、製作者側の最も大きな理由の一つに、長年綿入職人が習得してきた「技能」をいかに発揮するかということがあります。すなわち、画一的な既製品と違い、手作りによるオーダーのふとんの場合、顧客一人一人の身長・体重、好みや思いを、いかにふとんという作品の中に、己の「技能」を活かして表現できるかが試されているのです。

日本には四季があり、季節に応じてふとんの組み合わせが行われています。例えば、部屋の温度が5～10℃の場合、毛布・肌掛けふとん・掛けふとん、10～15℃の場合、毛布・掛けふとん、15～20℃の場合は、綿毛布・肌掛けふとんまたは合掛けふとん、20～25℃の場合は、タオルケット・肌掛けなどのように、掛けふとんは季節ごとに「組み合わせ」が行われましたが、敷ふとんは季節によって変わることはありませんでした。

それはなぜでしょうか。理由があるのです。例えば、敷き布団に必要な条件として、身体が沈み込まず適度の弾力性、反発性があり正しい寝姿勢が保てる快適支持性があることが要求されています。寝姿勢の体圧分布は、体重70kgの場合、頭部8％、胸部33％、臀部44％、脚部15％となっています。そのため、中綿は繊維が太く腰の強い、吸湿性に富み保温力の高いインド綿をチョイス。特に臀部・胸部の体重がかかりへタりやすい部分には、綿を厚くして体圧分散を図る敷ふとんに仕上げるなど、人それぞれの個性に合った大きさ、重さ軽さ、厚さ薄さなど、既製ふとんには決して真似のできない、いかような注文にも、職人の技「技能」を発揮して応じているからに他なりません。

# 二　なぜ、木綿の手作りふとんに拘るのか

## 掛けふとんの機能性

寝具に深く関わる睡眠中の生理現象には、代謝量の低下や発汗・寝返りという三つの特徴があります。睡眠中は、昼間の安静時に比較して20％程度代謝量が減少します。さらに産熱量と体温調節機能も低下しますので、保温性の高い寝具が必要となってきます。第二の発汗と言って、体温調節の一つの機能である温熱性発汗（周囲の環境温度が29℃以上になると自然に起こる発汗）が起こり、一晩で約コップ一杯もの汗をかく現象であります。[89]常に寝床内の湿度が高湿度にならないように、人体の汗を吸収し外へ放出する機能で、寝具には吸湿・透湿・放湿性の高さが必要となっています。また、寝返りは一定の姿勢による体への圧迫からの血行不良を防ぎ、筋肉疲労を防止するための現象でもあります。[90]そのため、掛けふとんは、軽くて保温力が高く、吸放湿性に富む素材が最適とされています。私たちは睡眠中に体の一部に負担がかからないよう寝返りを打ちますが、また、寝返りはレム睡眠、ノンレム睡眠など、睡眠段階のスムースな移り変わりやふとんの中の温湿度の調節にも重要な役割を果たしていると考えられています。

暑い季節には、寝返りを打ちながらふとんの中の温湿度を調節しています。重いふとんで、寝返りが打ちにくいと、不快な環境を作りやすくなります。逆に、冬はふとんの中を暖かく保っておくことが、良い睡眠をとるために必要となります。そのため、体に沿ってフィットするための「ドレープ性」も重要となってきます。

冬は、寝室が3℃以下でも寝具を使えば睡眠は可能ですが、鼻が痛くなるなど寝心地はよくありません。

特に高齢者は、室温は低いままで寝具を増やして温度調節をすることを好む傾向にありますが、掛けふとんを増やすことは、寝返りを妨げ睡眠の質を悪化させるだけでなく、頻尿が多くなる高齢者では、暖かい布団の中から急に低い室温環境にさらされることで、血圧が急上昇、心臓血管系の事故の危険が高まっています。また、手足が冷えることで、再入眠の大きな妨げになりますので、寝室の温度は寝心地の良い16℃以上に保つようにした方が良いのです。[91]

体温調節機能が低下する睡眠中には、ふとんの中の温湿度を適切に保つような掛けふとんを選ぶと共に、冬は体温に影響が及ばないように、寝室の温度を16℃以上に保つようにします。このような寝床内気候を実現できる掛け寝具の素材としては、夏は熱がこもらず、吸湿・放湿性、透湿性が良いこと、冬はこれに加えて保温力の高い掛けふとんで、隙間風の入らないドレープ性の高い掛けふとんということになります。この条件を満たす掛け寝具の素材としては、木綿ワタと水鳥の羽毛を挙げることができます。共に保温性・吸湿性・放湿性に富み、冬は暖かく、夏は木綿の吸湿性が夏場の蒸れを解消してくれます。季節に応じて中綿の厚さ・重さを変えて、夏掛け・肌掛け・合い掛けなど、使い分けることができとても便利です。

また、放湿性の低い木綿のふとんで快適に就眠するには、週一回程度ふとんの日干しなど手入れをすることが必要ですが、現在ではダニ問題からふとん乾燥機が普及し、綿ふとんの手入れが大変楽になり、世代を越えて利用者は増えています（**図表1**）。

羽毛ふとんは、軽くて取り扱いやすく、高齢者に向いています。また木綿の手作りふとんは、綿に対する強い愛着や、重くないと安心ができない・寝た気がしない人に向いています。また、２０２１年12月16日付、産経新聞において木綿のふとんのように重い掛けふとんが不眠を改善し、睡眠の質を良くするとの研究発表があり注目されています。[92]

## 敷ふとんの機能性

寝ている間は、背中や尻、足が敷ふとんに接触しています。これらの身体部位は体の重みで圧迫され続けると、血液の循環が悪くなると床ずれの原因となりますが、夜中に頻繁に寝返りを打つことによって回避されています。そのため、寝具は背中やお尻など一部だけが圧迫されるような柔らかすぎるものは避け、寝返りが打ちやすい寝具を選びます。また、腰痛にはマットは柔らかすぎるものは避け適度な固さのものを選択します。[93]

眠り始めは、副交感神経系の働きによって、末梢血管が拡張し、温熱性の発汗が生じ、手脊や胸部が活発化します。汗が蒸発するときに生じる気化熱によって体表面が冷やされ効率よく体温を低下させます。温熱性発汗は睡眠前半の除波睡眠で生じるため、睡眠中の体温低下は睡眠前半で著しくなります。[94] そのため、寝床内湿度は急激に上昇したのちは低下いたします。この低下した湿度はスムーズに敷ふとんや掛けふとんの外側に移動するため、床内気候は温暖で乾燥した気候が保たれるようになります。

このような寝床内気候を実現できる敷ふとんの素材としては、夏は熱がこもらず、吸湿・放湿性、透湿性が良いこと、冬はこれに加えて保温力の高い敷ふとんということになります。この条件を満たす敷寝具の素

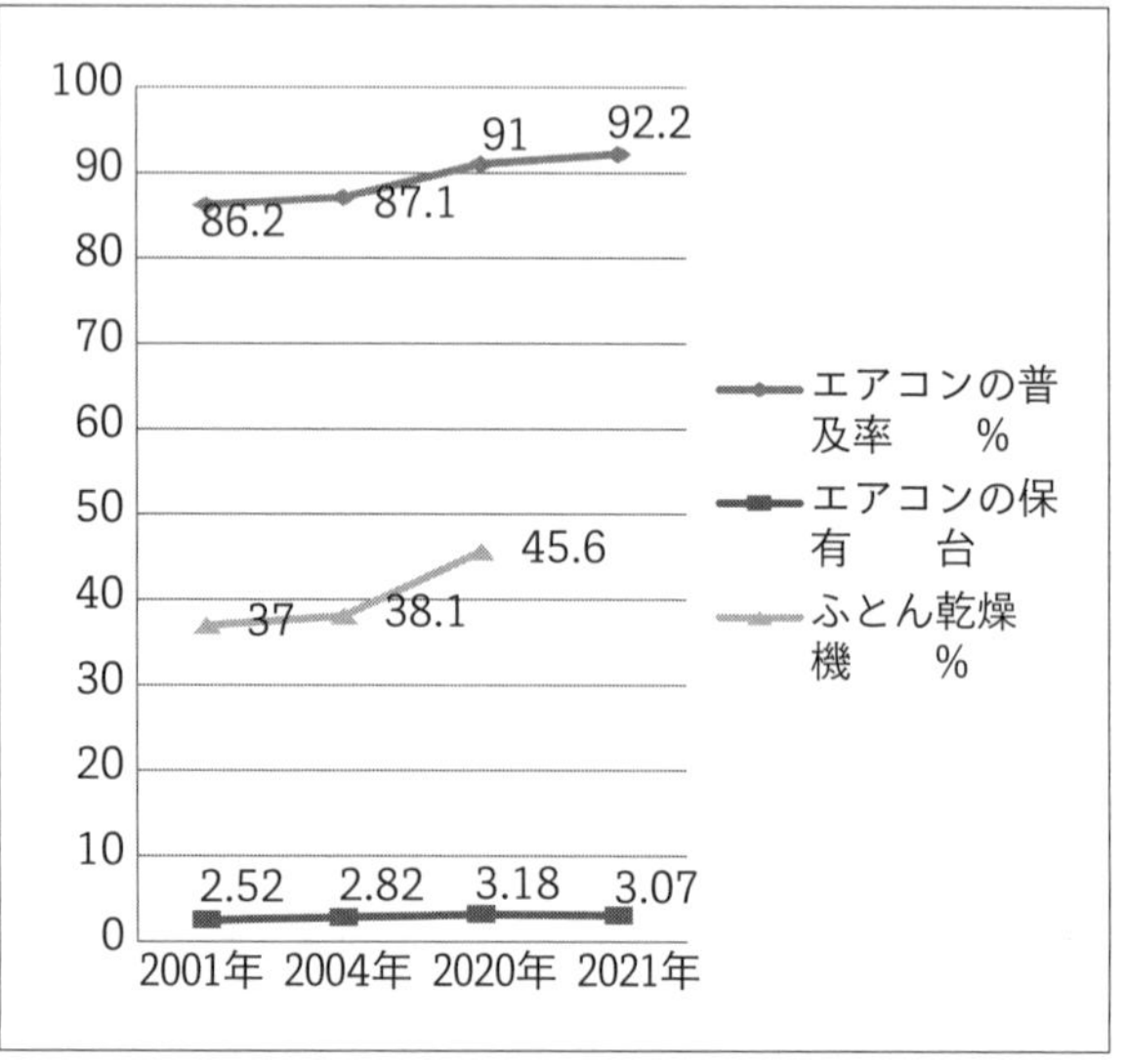

図表１　エアコン・ふとん乾燥機の普及率

材としては、羊毛・合繊既製敷ふとんなど、数あるふとんの種類の中で、天然繊維の木綿の手作りふとんをあげることができます。木綿ワタの特徴として、汗や湿気、水分を吸収する吸湿性に優れ、保温性・弾力性に富み、寝返りを打ちやすく、底つき感がなく安定しています。敷ふとんの素材としてとても優れています。しかし、放湿性に劣るため、週一程度ふとん乾燥機か日干しをすることによって、水分が蒸発して、ボリュームが復活しふっくらとした感触の中での寝心地は、綿ならではのものがあります。また、ふとんが乾燥すると、カビ予防や湿気を好む雑菌やダニの繁殖も抑えられ、布団を清潔に保つことができます。

さらに、快適な寝床内環境を整えるには、ふとんの中綿素材の機能や特徴を良く理解し、季節に応じてふとんの「組み合わせ」を行い、週に一度又は月二回程度、ふとん乾燥機か日干しを行うなどで寝具の手入れを行い、ふとんを清潔に保つ必要があります。

重い・日干しが面倒など、木綿ふとん特有のハンディも、ダニ退治など46%と半数近くに上ったふとん乾燥機の普及により負担が軽減され[95]、木綿手作りふとんは世代を越えて広く一番多く利用されているのが分かります（**図表2～3**）。

木綿の手作りふとんが見直される背景には、木綿の綿という物性がとりもなおさず、高温多湿な日本の気候風土における寝具の素材として、最も適していたからに他なりません。使い捨て文化に慣れ親しんだ若い世代にも木綿手作りふとんの機能が見直され、徐々に利用者は増えています。

## 何度でもリサイクルができ、環境に優しい

昭和33年（1958）、合成繊維（ポリエステル）が登場する以前までのふとんは、各家庭でふとん側を縫い、中に綿を入れて仕立て上げた、木綿の手作りふとんが主流でありました。そのため、ふとん作りの技

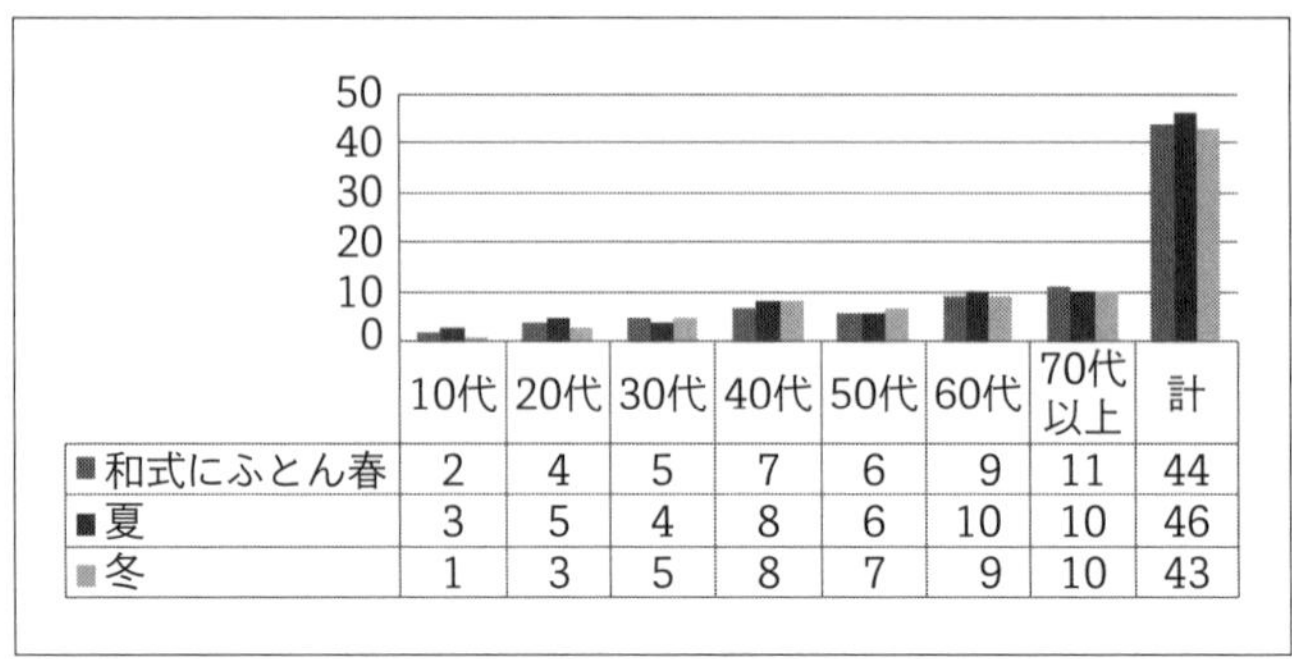

| | 10代 | 20代 | 30代 | 40代 | 50代 | 60代 | 70代以上 | 計 |
|---|---|---|---|---|---|---|---|---|
| 和式にふとん春 | 2 | 4 | 5 | 7 | 6 | 9 | 11 | 44 |
| 夏 | 3 | 5 | 4 | 8 | 6 | 10 | 10 | 46 |
| 冬 | 1 | 3 | 5 | 8 | 7 | 9 | 10 | 43 |

図表 2　畳にふとん、綿敷ふとん利用人数　128人中

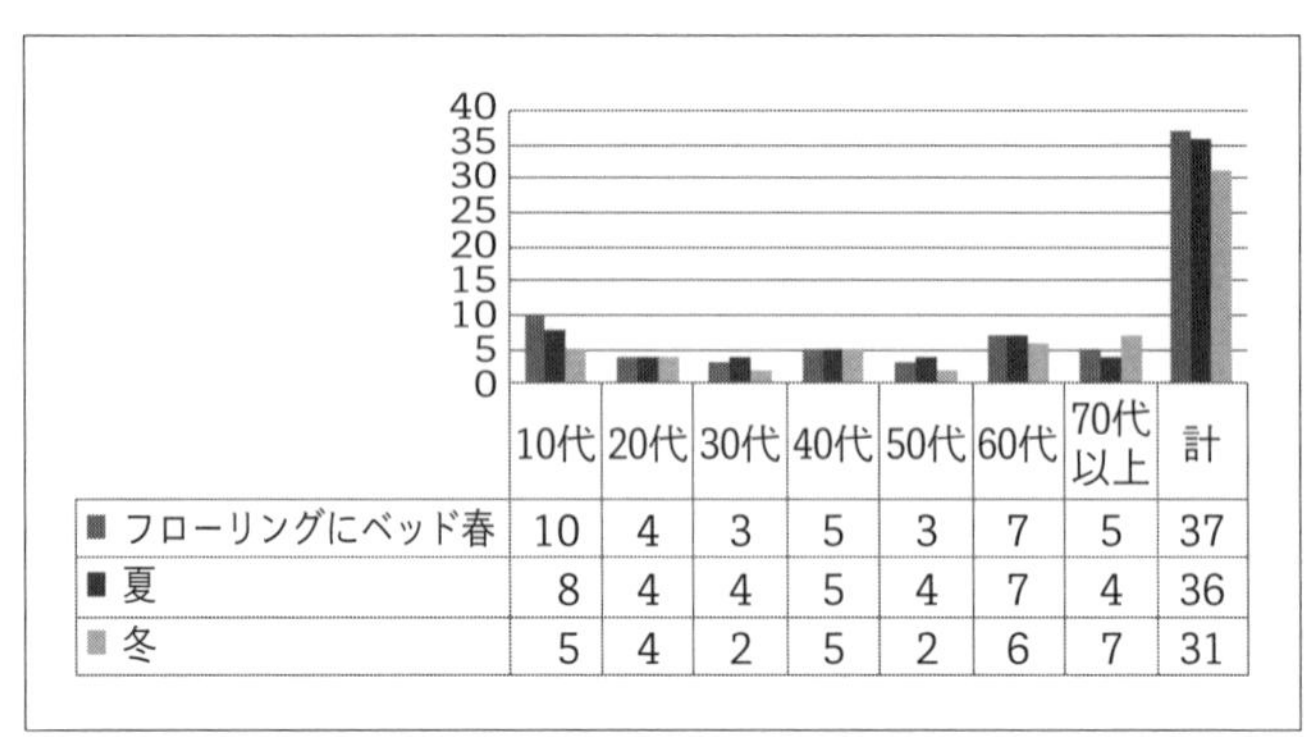

| | 10代 | 20代 | 30代 | 40代 | 50代 | 60代 | 70代以上 | 計 |
|---|---|---|---|---|---|---|---|---|
| フローリングにベッド春 | 10 | 4 | 3 | 5 | 3 | 7 | 5 | 37 |
| 夏 | 8 | 4 | 4 | 5 | 4 | 7 | 4 | 36 |
| 冬 | 5 | 4 | 2 | 5 | 2 | 6 | 7 | 31 |

図表 3　洋室にベッド、綿敷ふとん利用人数　202人中

法をはじめとして、ふとん綿の特徴や手入れの仕方まで、親から子へ、子から孫へと、代々受け継がれてきたのです。しかし、戦後高度経済成長のなかで、家族が外で働き始めるようになると、代々受け継がれてきた家庭での布団作りは次第に廃れ、以来ふとんの機能や手入れの手法など、木綿のふとんで生まれ育った人たちの世代交代が続き、ふとんに関わる素晴らしい日本の風俗習慣を語り継ぐ人もいなくなりました。

　木綿の綿は、経年使い込み中綿が固まった場合でも、打ち直し（リサイクル）することによって、新綿同様に甦り、何回でも再利用することができるのです。このように木綿のふとんは明治以来しっかりとしたリサイクルの仕組みが確立されており、資産価値の高い木綿の手作りふとんをゴミとして処分するようなことは絶対にありませんでした。

また、日本には以前より、耐久性のある良いものを買って長く使う、「もったいない」の精神が培われ、それが一体となって木綿のふとん文化は支えられてきたのです。それはまさに、二十一世循環型「低炭素」社会を先取りするものでした。また、綿（コットン）は、自然の中で生産と還元を繰り返す植物繊維です。地球上の綿畑で一年間に、18億トンの二酸化炭素を吸収し、13億トンのきれいな酸素を生み出し、大気の浄化作用を行い、地球を守る一翼を担っています。[96]

しかし、現在市場を席巻しているリサイクルのできない石油資源を原料にした合繊の「使い捨てふとん」は、安くて便利なため年代を問わず大勢の人たちに利用されるようになりました。ところが、その市場の仕組みは、自由競争による価格競争＝それは必然的に低価格競争を意味し、二十一世紀循環型社会に逆行する、大量生産・大量消費・大量廃棄を前提にしたものになっています。この仕組みを支えるためには、意図的に商品の陳腐化や価格を下げて消費者の浪費を煽り、大量に「捨てさせる」ことで成り立っています。その結果、私たちは、たくさんの「モノ」に囲まれ、たくさんのモノを使い、たくさんのモノを捨てながら、豊かで便利な暮らしを手に入れてきました。しかし、この暮らしは、大量の資源やエネルギーを消費し、大量の廃棄物を発生させ、環境に負荷を与えてきました。その結果、異常気象がもたらす数々の自然災害（海面の上昇・干ばつや洪水・山火事など）が世界の各地で多発しています。これらの問題を解決するためには、モノを大量に生産し、大量に消費し、大量に廃棄する「一方通行の社会」から「循環型社会」に移行していかなければなりません。２０００年に成立した「循環型社会形成推進基本法」では、廃棄物・リサイクル対策の優先順位を明確に示しています。①廃棄物発生の抑制、②廃棄物の再使用、③再生利用、④熱回収を行い、最後にどうしても循環的利用のできない廃棄物を適正処分することとしています。これら四つの条件が確保されることで、天然資源の消費を抑制し、環境への負荷ができる限り低減された社会を目指しています。

二十一世紀は環境の世紀と言われています。現在の世代の幸福だけではなく、将来の世代にも幸福を追求する機会を保障するためには、「持続可能な発展」を意識した消費行動が今ほど強く求められている時はありません。「使い捨ての合繊ふとん」など、このままの「使い捨て」経済システムが進行すれば、寝床環境の劣化に歯止めがかからないばかりか、石油資源の枯渇のみならず、ふとんの焼却による地球の温暖化など、計り知れない多くの問題が生じます。

国民の一人一人が、地球上の限られた資源の浪費を加速し、地球環境やごみ問題を深刻化させる「使い捨てのライフスタイル」に見切りをつけ、良いものを捨てずに大切に長く使う気持ち「もったいない」の心を、今こそ育む必要があるのです。

## 広がり始めた木綿の手作りふとん

安くて便利な合繊ふとんは圧倒的に若い世代に支持され、綿ふとんの愛好者は戦前生まれの、木綿のふとんで生まれ育った世代に限られてきています。しかも昭和51年（1976）を境にして、戦前戦後の世代交代が始まり、木綿のふとん離れは加速しているという思い込みがありました。

しかし、検証を進める中で、それは大きな誤りであることが判明したのです。素材の機能が一番現れる敷ふとんに、それは顕著に表れていました。保温性・吸湿性・弾力性に富む、木綿のふとんを重んじる年代が、季節に関係なく若い十代から高齢者まで、敷布団の中では一番多く利用されているという事実が明らかになりました。和室にふとんで就眠している128人のうち、45人、36％、洋室にベッドでは202人中35人、18％の人たち（ロフトベッド・折りタタミベッド・パイプベッドを利用）が、オールシーズンにおいて従来からの木綿敷ふとんが根強いファンによって選ばれ、年代の別なく平均的に利用され支持されている事実でした（図表2、3）。

　それは、なぜでしょうか。木綿ワタの持つ保温性・吸湿性・弾力性・復元性などの物性をはじめ、それが寝床内気候を調整し、快眠できることを、体験を通じて学習し会得しているからに他なりません。更に木綿のワタがふとんとしての機能を果たし、素材として最適であることを周知して利用していたのです。この数字は意外で、実に喜ばしいことではありましたが、その勢いは弱く決して満足できる数字ではありません。

　これに対して、合繊「使い捨て」のふとんを使用している人たちも、十代から七十代以上の高齢者まで、木綿の手作り布団と同様に年代の別なく平均的に利用されているのが分かります（図表4、5）。

　しかし、合繊のふとんが木綿のふとんを上回っているのは、和室にふとんの場合、三十代のみで、洋室にベッドの場合でも

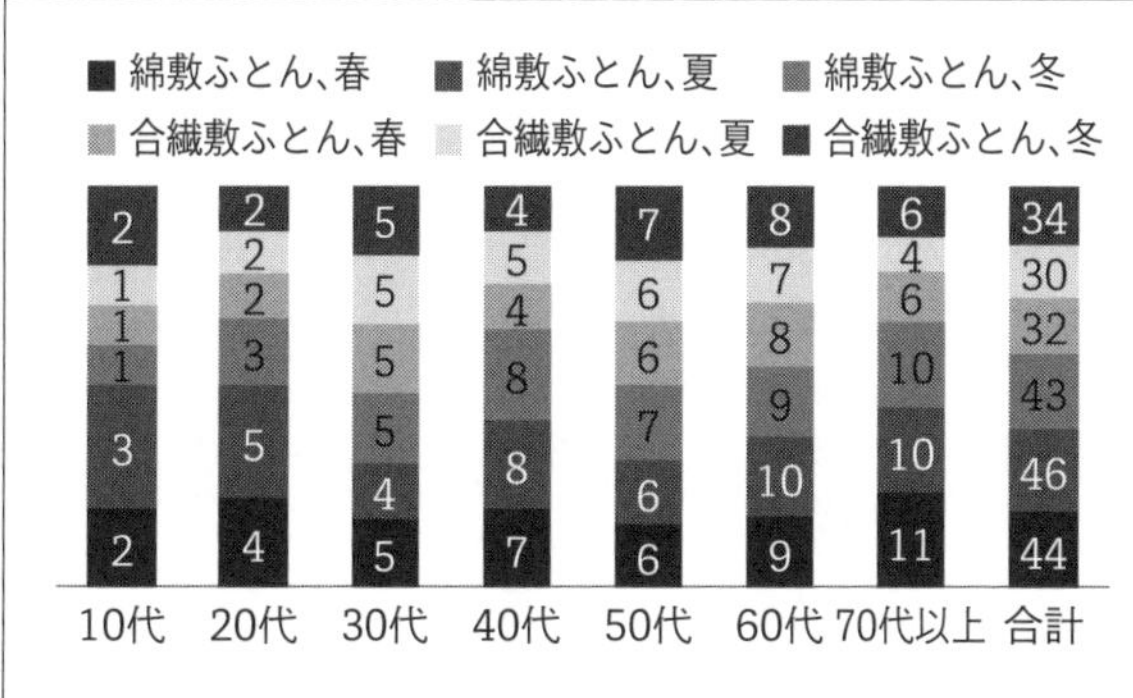


図表4　季節別、和室でふとん、綿・合繊敷ふとん使用人数（n＝128人）

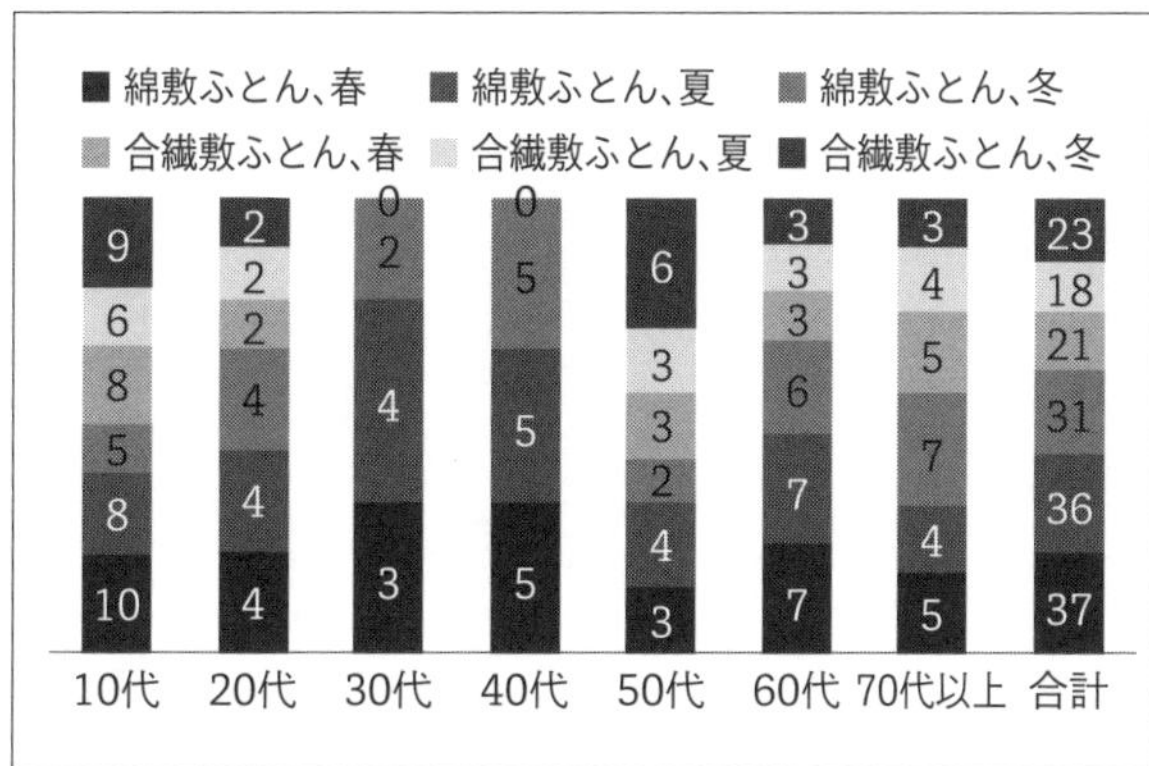


図表5　季節別、洋室にベッド、綿・合繊敷ふとん使用人数（n＝202）

木綿のふとんを上回っているのは五十代のみで、三十代、四十代は合繊の敷ふとんはゼロになっています。合繊既製敷ふとんが、吸湿性に劣り蒸れる欠点を知って利用している人は、高齢者では合繊の保温性や軽さを、それ以外の大勢の人たちは唯一価格の安さだけが選択肢になっています。

こうした寝床環境の劣化は、使い捨て感覚で使用する合繊既製輸入ふとんの、乱売による価格の劇的低下から来る、ふとんや睡眠に対する意識の低さ以外になく、「寝つきが悪い」「寝た気がしない」など、不健康な人たちを量産しているのです。このような疾病を誘発する悪循環を断ち切り寝床環境の劣化を防止するには、ふとんの「機能」と「寝床内気候」など、睡眠についての知見を広め、関心を高めることが何よりも肝要と考えています。

# 三　なぜ、今使い捨てふとんが問題なのか

## 急がれる木綿ふとんの見直し（脱炭素社会）

リサイクルの出来ない、安くて便利な合繊の既製ふとんを次々と捨てて買い換えるライフスタイルは、限られた石油資源の浪費を煽り大量のゴミの発生をもたらしています。このような現代の社会は、天然資源を大量に投入して生産活動を行い、投入された資源が循環することのない一方通行の社会になっています。

そのうえ、生産・消費の段階で大量の廃棄物や排出ガス、廃水を放出しています。その結果、大気や河川土壌が汚染され続け、汚染物質の放出は自然の浄化能力を超え、環境容量をオーバーしても尚続いているのです。一方通行の流れを断ち切り、低炭素社会の基本理念を実効あるものにするには、いち早く未来のある「循環型社会」を構築しなければなりません。ドイツでは、焼却により廃棄される資源を極力減らすために、

企業にはゴミの回収と再利用を義務付け、消費者に対し回収費用の負担を法律で義務付けるために施行させた「循環型経済法」（1996年）があります。そのもとでは、ゴミの発生抑制やリサイクル、天然資源などの利用を適正化するように配慮され、浪費が防げられるようになっています。また、リサイクルに力が入れられた結果、再生・再利用技術の開発が進み、最終処分されるごみの焼却率も低下し減量化が実現しています。日本でも、市民が手間をかけごみを分別し、規則を守って捨てていますが、OECDが日本のリサイクル率が低いとみている最大の理由は、回収されたごみのうち焼却処分されるものの比率が世界で一番高いからに他なりません（**図表6**）[97]。

また、ドイツにおける廃棄物処理やリサイクルに関する法制度は、製品の製造業者など事業者の廃棄物に対する責任がドイツやEUでは重く、日本ではそれと比べ軽くなっています。ドイツでは製品を開発、製造、加工又は販売する業者の場合、次のことが義務付けられています[98]。

①製品は長寿命まで反復使用でき、使用後はリサイクルや適正処分をしやすいように開発・製造すること

②二次原料は優先的に利用すること

③有害物質を含有している製品については、その表

図表6　各国のゴミ焼却率比較（%）
（出典：OECD（2016））

|  | 系列1 |
|---|---|
| 米国 | 13 |
| イタリア | 14 |
| スペイン | 14 |
| ポーランド | 18 |
| oecd | 20 |
| ドイツ | 25 |
| 英国 | 33 |
| フランス | 35 |
| オーストリア | 38 |
| オランダ | 44 |
| スイス | 48 |
| スウェーデン | 50 |
| デンマーク | 51 |
| ノルウェー | 54 |
| フィンランド | 55 |
| 日本 | 69 |

示をすること

④製品の再使用、デポジットについて表示すること

⑤製品と使用後の残留廃棄物については引き取りとリサイクルを行うこと

⑥政令で規制する一定の製品については表示、流通の制限又は禁止、処分をしなければならないということ

このような厳しい義務が課せられているドイツの家庭などから出るゴミのリサイクル率は65％と世界最高であります（**図表7**）。

これに比べ、日本のリサイクル率は19％と最下位近くになっています（**図表7**、ＯＥＣＤ ２０１３年）。日本の事業者は次のような穏やかな義務しか課せられていないため、日本のリサイクル率は遅々として向上していないのです。

①製造・加工・販売に際し、処理困難性の自己評価、適正な処理が困難にならない製品の開発、処分方法の情報提供

②指定された一般廃棄物についての適正処理に協力すること

③特定業種における再生資源の利用、指定製品における設計配慮、表示を行うこと

④包装容器については再商品化し、特定家庭用機器は引き取りと再商品化をすること

この義務づけの軽重の度合いがリサイクル達成率の違いとなって表れています。[99]

木綿の手作りふとんのケースでは、自分たちが作って販売した商品は、経年使用しリサイクルを行う場合でも、ふとん販売店の責任においてお預かりし、何回でも打ち直し（リサイクル）を施した後、再び新品同様にして消費者に納品しております。実に無駄のないリサイクル１００パーセントの仕組みとなっているの

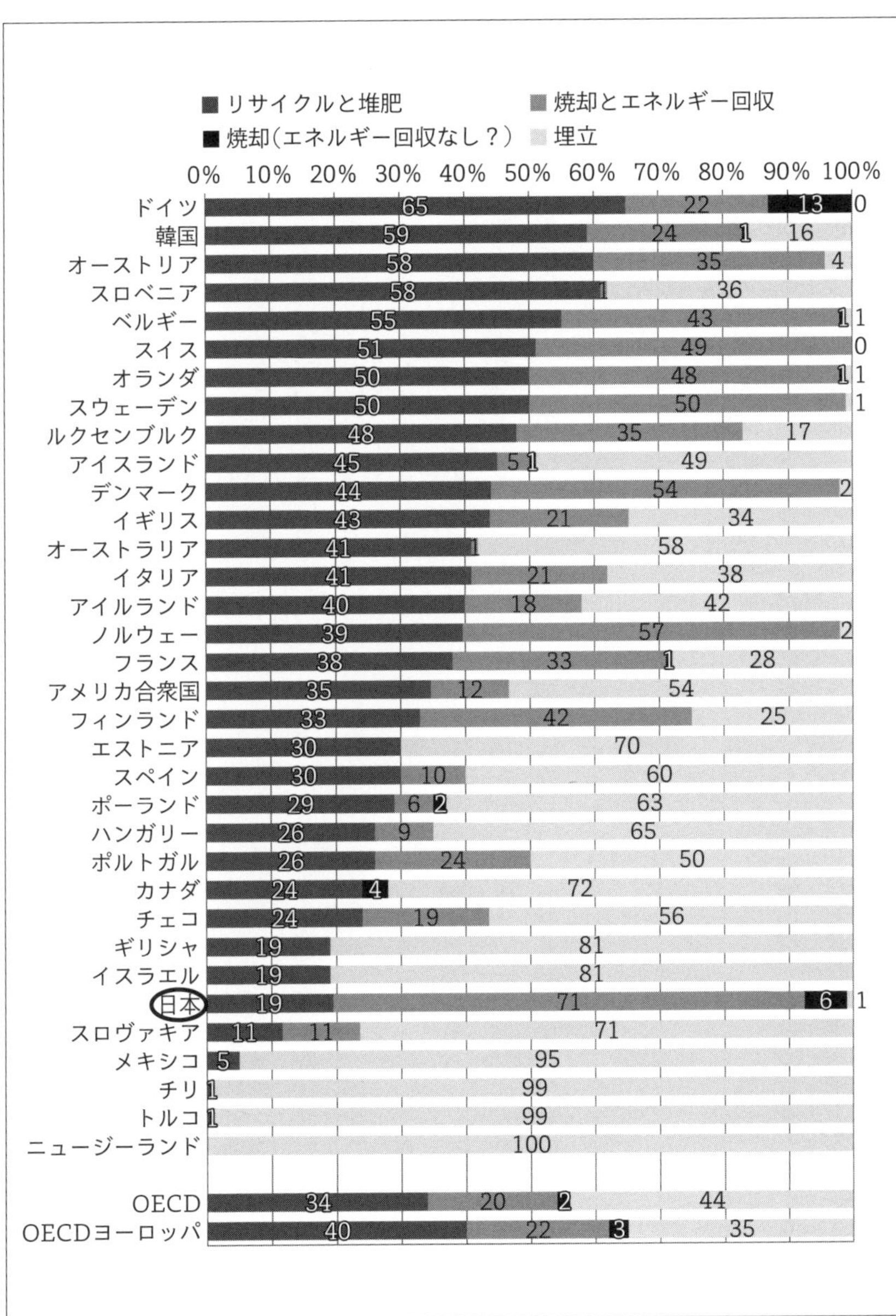


**図表 7　OECD 加盟国の廃棄物処理とリサイクル（2013年）**

です。もし、使い捨てのふとんが、ドイツ「循環経済・廃棄物法」第二十二条（製造物に関する責任[100]）に倣い、使い捨てのふとんに対してその処理コストや資源消費が地球環境に与える影響、処理過程で発生する環境汚染等に対する費用が、使い捨ての合繊既製輸入ふとんの価格に反映され、打ち直し（リサイクル）木綿ふとんより明らかに割高であれば、使い捨て合繊ふとんの消費量は抑制され、今日ほどの問題は生じなかったはずです。

しかし、これらのコスト負担は、使い捨てふとんの排出者と公費で賄い、コスト負担（生産者責任）がないニトリなど大手量販店は[101]、寝具業界の衰退を横目に、毎年増収増益を繰り返し企業が拡大化すると同時に、寡占化が進行しています。大手企業同士の価格競争から、安さが安さを呼び、安くて便利であることから需要が増え、そのことがさらに安く販売される原因になっています。「打ち直しふとん」一枚９８００円に対して、合繊ふとん４点セット３４８０円（アイリスオオヤマ）など、国産ふとんカバー一枚のただ同然の価格で組ふとんを売ることができる、その仕組み（製造物に関する責任がない）に問題があるのです。結果として、供給を一層増やし、ゴミの山を築くと同時に睡眠の障害という問題を引き起こしています。政策の甘さが事態を深刻化させ寝具業界を疲弊させているのです。そのため、ドイツに習い「低炭素社会」の構築は喫緊の課題となっています。

## 使い捨てふとん処理料金の大幅値上げ

合繊の既製輸入ふとんによる、寝床環境の劣化と生活スタイルの夜型化は、睡眠の質を大きく低下させ、睡眠時間は確実に減少しています。そのため、「よく眠れていない」など睡眠障害を訴える人が４００人中１１５人28・8％と多くなっています（**図表8**）。よく眠れていない人１１５人について、睡眠障害となっている要因について尋ねたところ、一番多いのが「寝つきが悪い」50・4％、次に多いのが「夜中に目が覚める」、「眠った気がしない」と続いております（**図表9**）。このような睡眠不足は、寝床内気候が大きくかかわっていることが分かっています。寝床に入って後、温度は体温によって急上昇しますが、約30分で平衡に達し、その値は32～33℃の範囲にあります。一方、湿度は季節差が大きく、春、秋季では、55～60％の範囲内であるのに対して、夏季では80％以上にも達し変動の振幅も大きくなっています。

夏季は非常に体動が多く、そのたびに脳波が浅くなり、眠りの深さが不安定になっていることが明らかになっています。つまり、環境温度が高いのに、寝

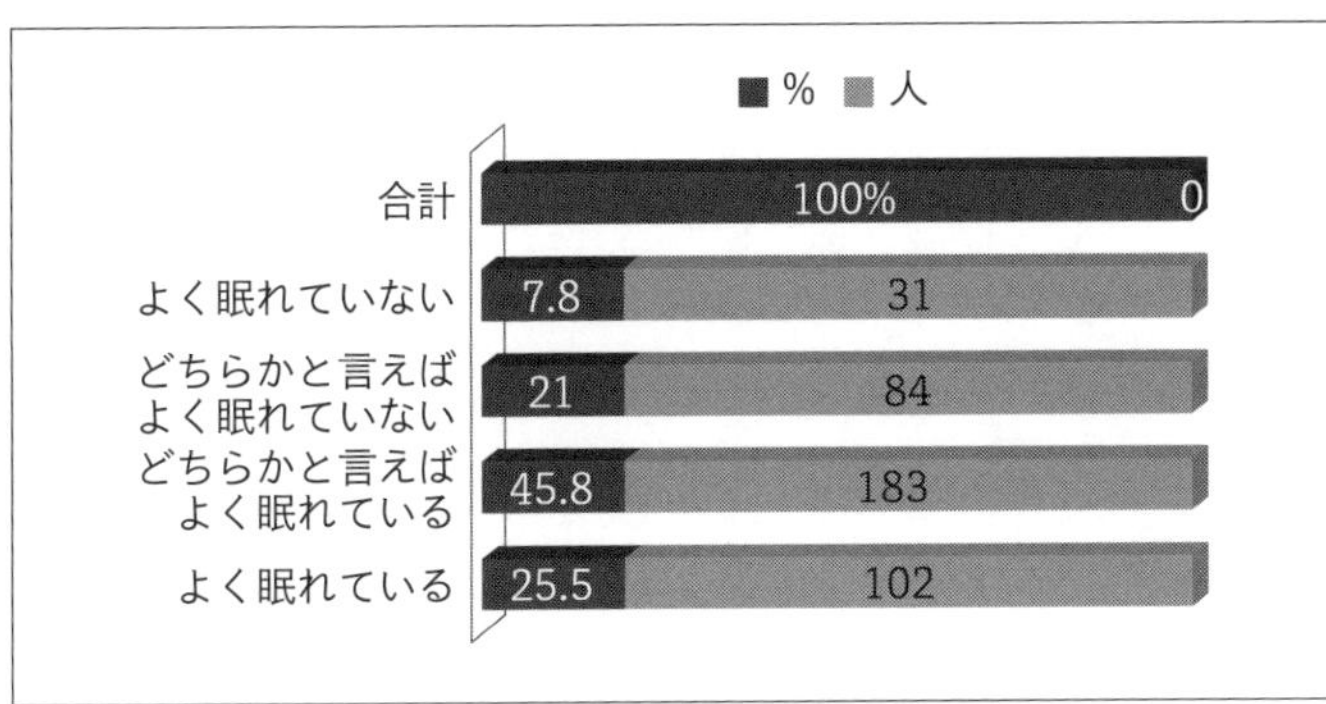


**図表8　睡眠の状態、10代～70代以上（よく眠れていない人115人、28.8％）**

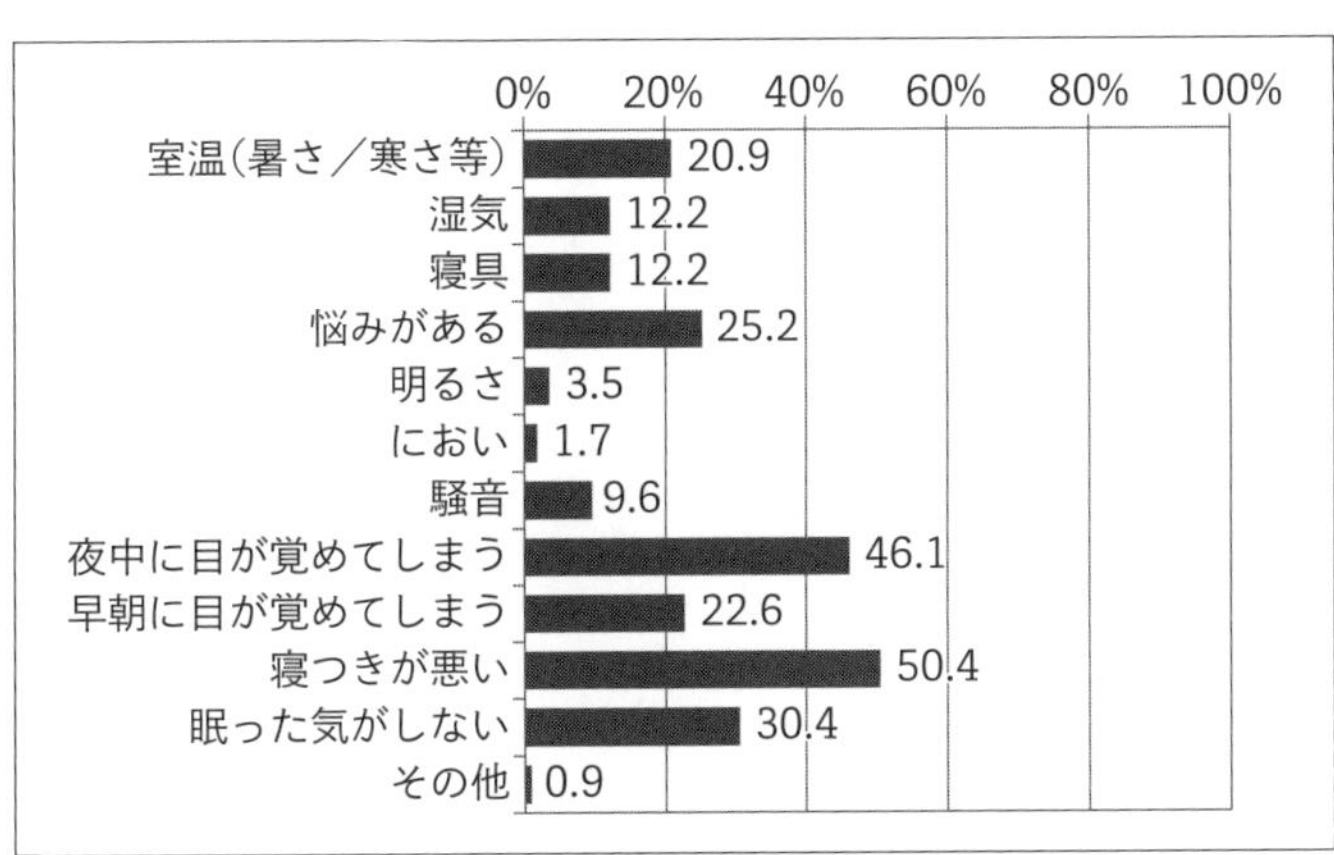


**図表9　安眠を妨げる要因となっているものは何ですか。（複数回答）**

床内温度は他の季節とほとんど変わっていないことから、発汗により体温調節を行う結果として寝床内湿度が上昇し、体動によって寝床内空気を交換する、という過程を繰り返していると考えられます。

したがって安眠を得るためには、発汗による湿気を素早く吸湿し放散させて蒸れを防ぐ機能を持った木綿の手作りふとんが良いことは言うまでもありません。[102] しかし、遺憾ながら安くて便利な合繊既製ふとんや寝具類は「使い捨て」感覚で使えるポリエステル商品が大勢を占め、輸入の勢いに弾みがつき年々増加の一途をたどっています。その反面、木綿手作りふとんの衰退には歯止めがかかりません。このまま何もせず、手をこまねくことがあるならば、伝統的な和ふとんの文化風俗は言うに及ばず、木綿手作りふとんの販売店はごく限られたものとなり、容易に買うことができなくなるなど、買い物難民等の懸念も高まっています。

このような「使い捨てのふとん」の跋扈による、寝床環境の劣化による睡眠の障害や、木綿手作りふとん消滅の危機的状況に歯止めをかけるには、粗大(使い捨てふとん)ゴミ処理料金の大幅な値上げに期待したいと思います。なぜなら、ふとんの粗大ごみが大量に排出されるようになった大きな理由は、粗大ごみの処理処分費用が実質無料に近い設定になっているからです。江戸川区の場合、ふとんを収集して処分した場合400円、施設持ち込みは無料となっており、手数料が実際にかかる処理費用よりかなり低い水準「平成29年(2017)収集3万4003枚、持ち込み個数3万542枚で、実質一枚211円となる」に設定され、「使い捨て」を誘発する実質無料に近い設定になっていることこそが問題なのです。

こうしたことから、国民のコスト意識が極端に低く、個人のゴミ排出に対する責任が意識されにくいために、使い捨てに歯止めがかからないばかりか、環境を汚染し寝床内気候の劣化により、睡眠障害を誘発する憂うるべき状況となっています。

速やかに市民一人一人の環境意識を高めると同時に、寝床内気候の劣化を止め木綿ふとんの見直しを進める必要性が高まっています。それには、すぐ実行可能な手段として小山市[103]か水戸市[104]に習い（**図表10**）、少なくとも1000円以上、またはふとんの販売価格に近い2000円の価格設定が望ましいと考えております。なぜそのような価格設定が望ましいのか、それは焼却などによって廃棄される資源を減らすために、排出者に相応の費用を負担させることで、国民一人一人の、環境や寝床内気候に対する関心を高め、木綿ふとんの機能の見直しなど、消費意識を変えることで、睡眠や地球環境の劣化を防ぎ、粗大ゴミの大幅な削減が期待できるからであります。

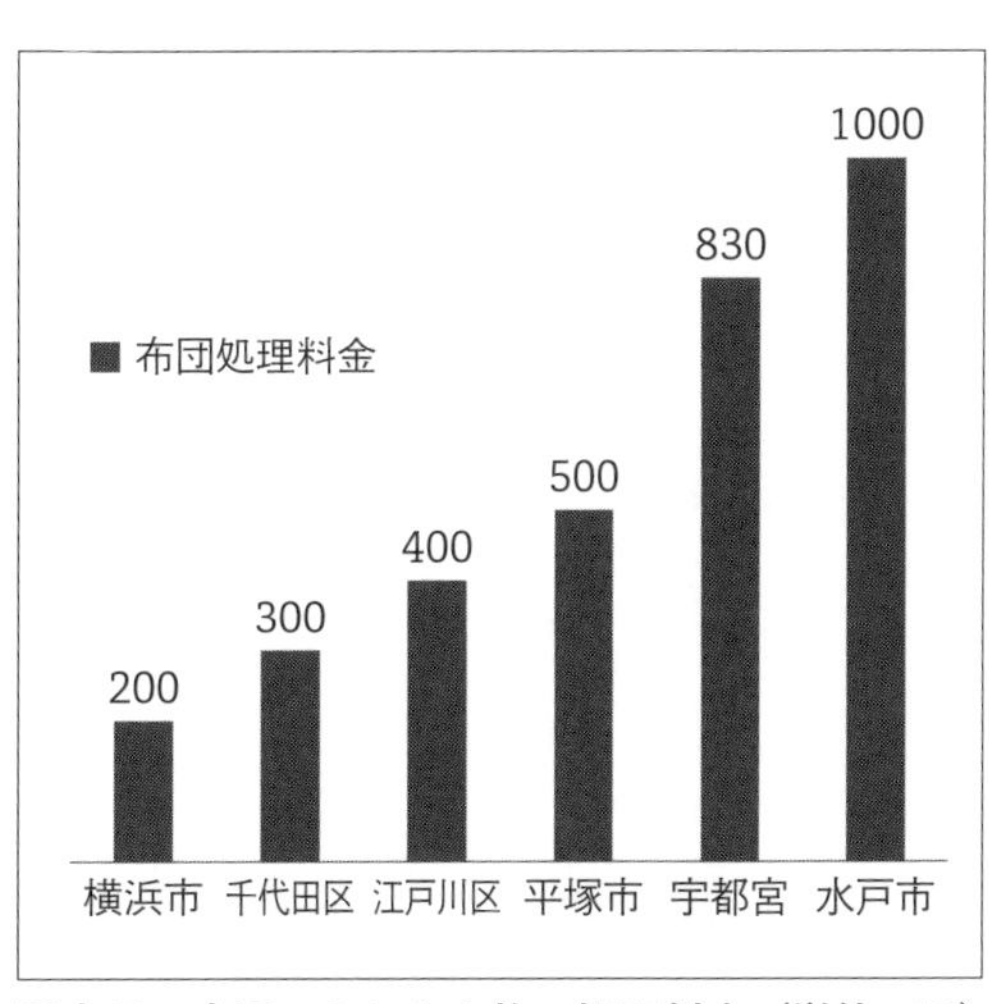


**図表10　全国、ふとん１枚の処理料金（単位：円）**

## 使い捨てふとん製品に対する課徴金

「使い捨てふとん」は、中間処理後リサイクルに回らず、すべて焼却しています。放置すれば環境悪化が拡大し、社会的な損失につながることから、粗大ごみの減量化・リサイクルが積極的に進められるよう市場の原理を利用した経済的な仕組みを作ることがまず最も重要であります。[105]汚染者がその負荷量に応じて費用を負担する経済的な方策の導入が求められているのです。ごみを排出する消費者がゴミ排出量等に応じて手数料として支払う方法や、製品を製造あるいは販売される際に、価格に含めるという方法があります。そのためには、ごみを排出する消費者がその排出量に応じて応分の手数料を負担することはもとより、メーカーにはその方法として製品課徴金があります。消費・廃棄に伴って廃棄物の排出など環境に負荷を与える製品の生産・輸入等に際し、その量や質に応じた料金を徴収することにより、消費後の不用物の発生を抑制しようとする努力や、製品をリサイクルに適した形にしようとする努力に対するインセンティブが与えられます。なお、使い捨てふとんの原材料に占める再生資源の率に応じて課徴金額を減額する等の工夫を行えば、再生資源の利用に対するインセンティブが与えられる等の検討が是非必要であります。[106]

## 四　なぜ今、ふとんに無知・無頓着・無関心な人が多いのか

「夜中に目が覚める」「眠った気がしない」「早朝に目が覚める」など、睡眠の異常を訴える人たちの多くは、使い捨て合繊の既製ふとんを使い、布団にお金をかけたくない、関心がないなど、睡眠の果たす役割や快眠に必要な寝具の機能について、全く興味を示さないようになっています。特に九州や沖縄・関東などにおいて、その傾向は高くなっています（**図表11**）。

このような現象は、手間とお金がかかる自家製のふとんから、海外で量産された合繊の既製ふとんが主流になった現在、ふとんの作り方を幼い時から見聞きし、実際に自家製のふとん作りのお手伝いを通じてふとんのイロハを学んだ戦前の人たちと違って、全く体験や経験のない戦後生まれが多くなっています。寝具の機能や手入れをはじめ、ふとんを清潔に保ち快眠を誘うふとんの日干しなど、良き習慣を幼い時から見聞きし、学習をすることができなかった人たちです。そのため、ふとんの機能を知り、それを「組み合わせ」することによって「寝床内気候」を年間「33±1℃、湿度約50％」と一定にキープすることが出来ないために起こっている現象と考えることができるのです。

さらに、一家に三台となったエアコンの普及、そして昔から伝えられてきたふとんの良き習わしを伝える

人の不在（戦後生まれの人口が戦前生まれの人口を上回ったのは１９７６年以来45年経過）が大きく影響しています。

なかでも、エアコンの普及は就眠環境を劇的に変える効果をもたらしました。それは、季節に関係なく一年中寝室の温度湿度を自由にコントロールできるようになったため、季節に応じたふとんの「組み合わせ」や「使い分け」「ふとんの日干し」など、快眠・安眠に必要な良き習慣はすっかり忘れ去られてしまったのです。

そのため、一年中同じふとんで寝起きし、ふとんの手入れもせず万年床の締め切った寝室で、過度にエアコンに依存する人たちが増えています。そのため、暖房の乾燥や過度な冷え、寝床内気候の等閑によって体の不調や、睡眠障害を訴える人たちを生み出しています。

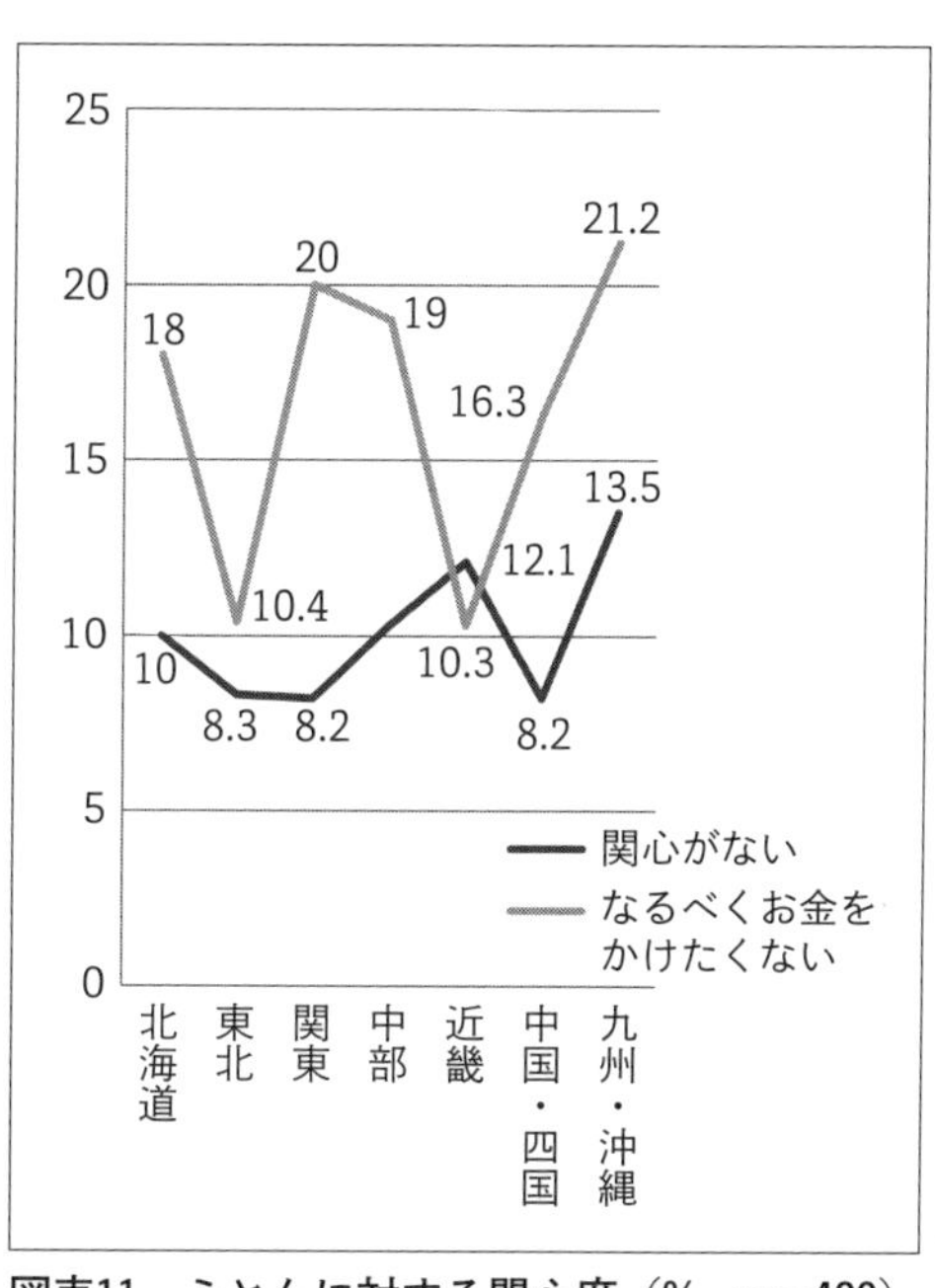


図表11　ふとんに対する関心度（%　n＝400）

このような生活習慣病やヒューマンエラーを誘発する睡眠の劣化は、以前のように繰り返して利用できる手作りの価値ある資産としての木綿ふとんから、リサイクルの出来ない一回限りの消耗品と化した使い捨て合繊ふとんの価値観から派生した、睡眠やふとんに対する無関心・無頓着・無知から起こる現象と見ることができるのです。

現在、環境を汚染し問題になっている化学工業によって製造される、プラスチックが使われているシーンは実にさまざまです。身の回りのものだけでも肉や野菜のトレー、買い物袋、ペットボトル、雑貨や家電、服・合成繊維のふとんなど枚挙に暇がありません。プラスチックがまったく使われていないものを探すことの方が難しくなっています。そのため、以前における自家製の手作りふとんのように、先人から現実に見聞きし、学ぶことが出来なくなった現在、環境を汚染する人造の化学の合繊繊維と、人と環境に優しい天然繊維木綿ワタの持つ機能や特性、相違点を効果的に理解させ、睡眠の質的向上を図るには、戦前のように好奇心や吸収力の旺盛な小学生時代からの学習とその実践、習慣化を確実なものにする必要があると思います。

例えば、【家庭編】小学校学習指導要領（平成29年告示）[107]、「家庭科」住生活、季節の変化に合わせた住まい方の中では、季節に応じた寝具の種類と「組み合わせ」や寝床内気候を、消費生活・環境のなかでは、環境に優しい木綿ワタの物性と合成繊維の違いを、理解力の旺盛な小学校四年以上の生徒を対象に学べる枠を、家庭科の中にぜひ設けてほしいと願っています。校庭の花壇の中に綿を栽培し教材にするなど、体験を兼ねた学習が出来れば木綿のワタに対する愛着や関心がわき、効果が上がるものと思います。

更に一般の成人に対しては、寝具の素材として綿ふとんの機能の良さや物性を実感できる、体験や実践を兼ねた打ち直し（リサイクル）綿を利用した座布団作りの講習会や、睡眠と寝具に関わる講演会・レジュメの配布等、あらゆる手段・機会を通じて、果敢にアプローチを続けることが、なによりも肝要と考えています。

## 五　良い睡眠を得るために

### 睡眠や寝床内気候を学び直す

私たちは、たくさんの「モノ」に囲まれて暮らしています。そして、たくさんのモノを使い、たくさんのモノを捨てながら、豊かで便利な暮らしを手に入れてきました。しかし、この暮らしは、大量の資源やエネルギーを消費し、大量の廃棄物を発生させ、環境に負荷を与えてきました。その結果、異常気象がもたらす数々の自然災害（海面の上昇・干ばつや洪水・山火事など）が世界の各地で多発しています。これらの問題を解決するためには、モノを大量に生産し、大量に消費し、大量に廃棄する「一方通行の社会」から「循環型社会」に移行していかなければなりません。

繰り返しリサイクルのできる、価値ある木綿のふとんから、リサイクルのできない一回限りの使い捨て感覚で利用している価格の安い合繊のふとんからは、エアコン以前の自家製ふとんのように、ふとんに対する強い拘りや愛着・関心はなくなっています。そのため、ふとんに関心がない・お金をかけたくないなど、400人中107人、約28％の人たちはふとんに対して無関心・無頓着・無知を装っています（**図表12**）。特に問題なのは、男性の三十代から六十代の働き盛りの年代で、女性では十代から三十代の若い年代で吸湿性に劣る合繊の輸入既製ふとんなどで寝床内環境が疎かにされている可能性が高いと思われます。

しかし一方、余裕があれば寝具にお金をかけたい・寝具の質を重視したい・健康を重視したいと、現在の寝具に何らかの不安や疑問を抱き、真剣に寝床環境を見直そうと考えている人たちは400人中293人、約七割強と高い数値を示しています（**図表13**）。睡眠やふとんに対して日頃より関心や拘りをもち、睡眠の

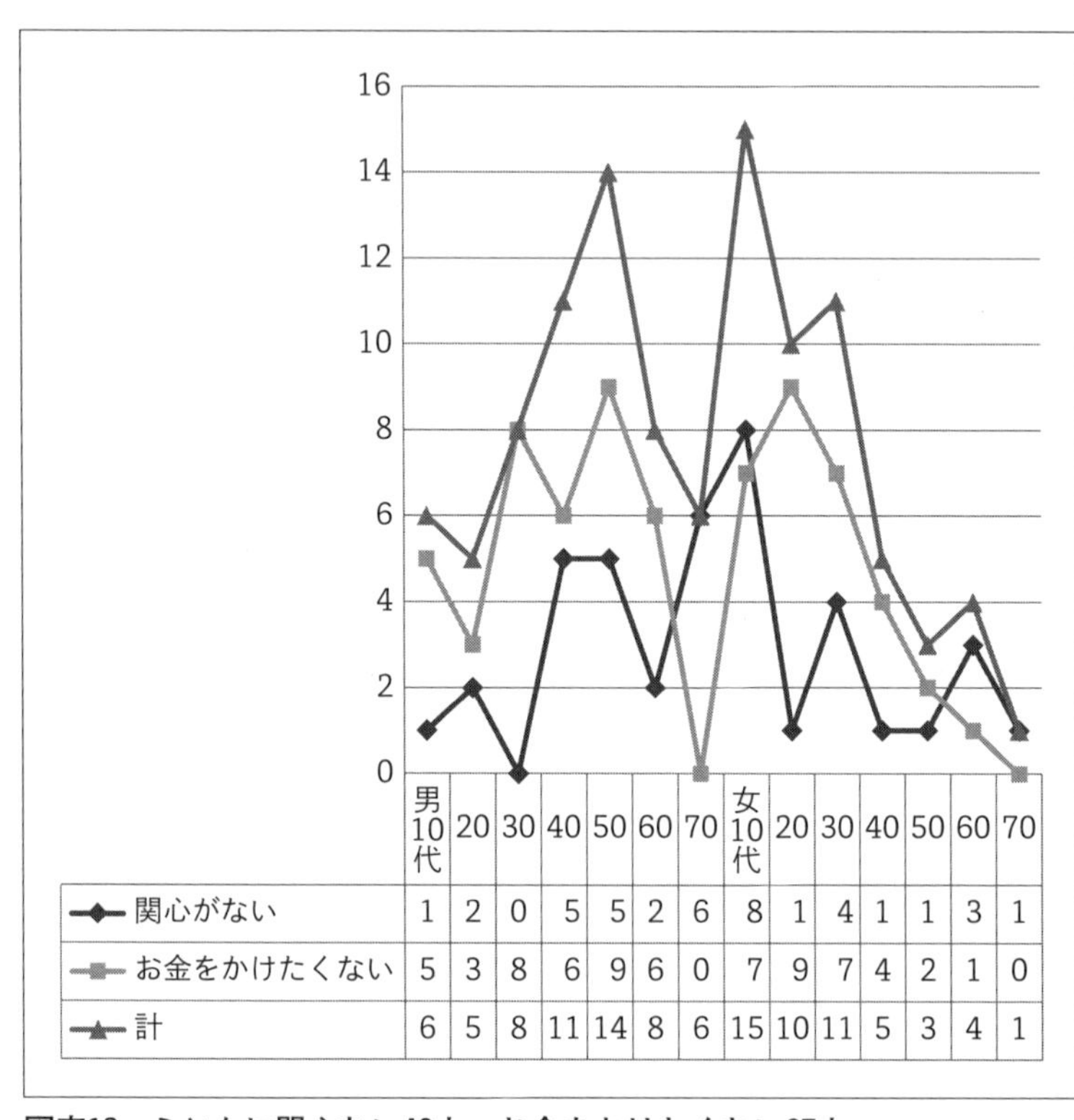


| | 男10代 | 20 | 30 | 40 | 50 | 60 | 70 | 女10代 | 20 | 30 | 40 | 50 | 60 | 70 |
|---|---|---|---|---|---|---|---|---|---|---|---|---|---|---|
| 関心がない | 1 | 2 | 0 | 5 | 5 | 2 | 6 | 8 | 1 | 4 | 1 | 1 | 3 | 1 |
| お金をかけたくない | 5 | 3 | 8 | 6 | 9 | 6 | 0 | 7 | 9 | 7 | 4 | 2 | 1 | 0 |
| 計 | 6 | 5 | 8 | 11 | 14 | 8 | 6 | 15 | 10 | 11 | 5 | 3 | 4 | 1 |

**図表12　ふとんに関心ない40人、お金をかけたくない67人**

質的向上を図ろうとする人たちです。

慢性的な寝不足など睡眠の質的劣化は、日中の眠気や意欲低下・記憶力減退など精神機能の低下を引き起こすだけではなく、体内のホルモン分泌や自律神経機能にも大きな影響を及ぼすことが知られています。実際に慢性的な寝不足状態にある人は糖尿病や心筋梗塞や狭心症などの冠動脈疾患といった生活習慣病に罹りやすいことも明らかになっています。[108]

このような問題を回避するには、ふとん選びや寝室・寝床内気候の温度と湿度の管理がとても重要となっています。

**①睡眠環境の温度（寝室・寝床内）の管理**

まず、睡眠環境の温度で意識した

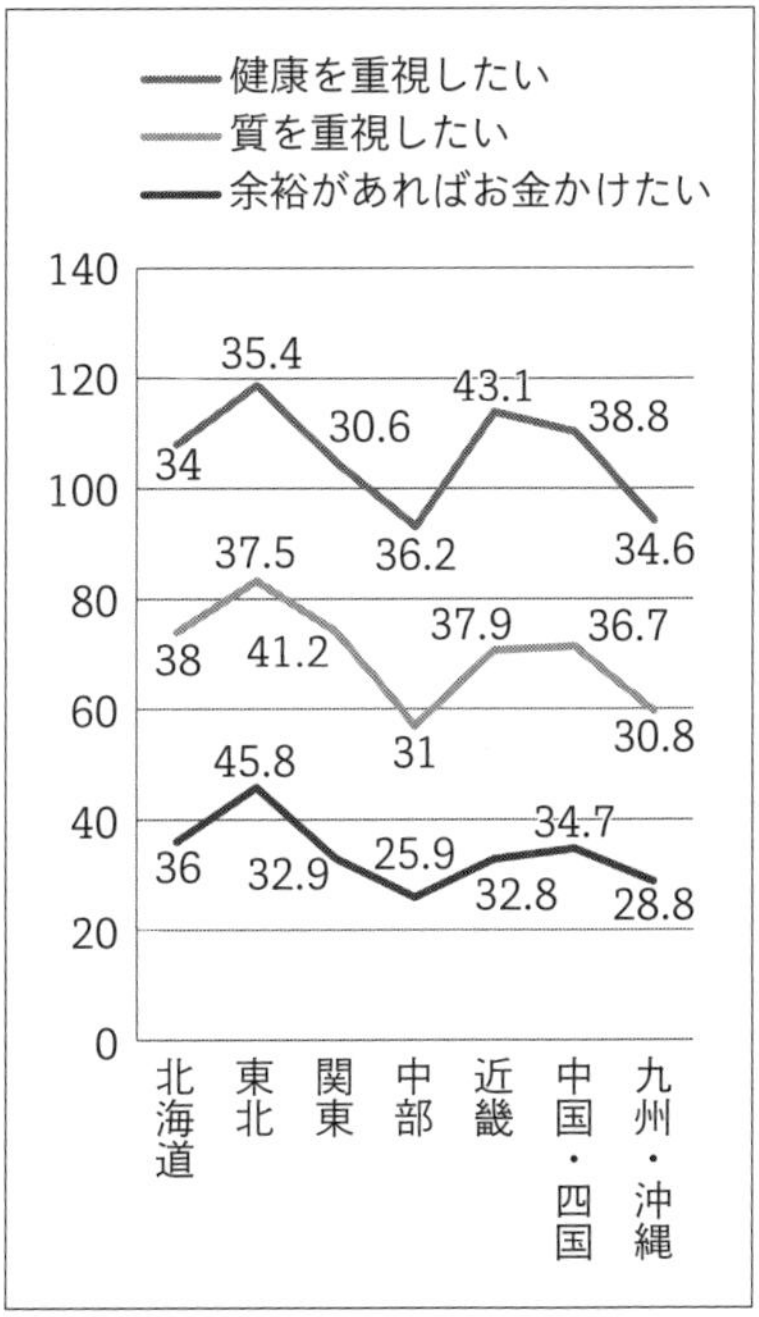

| | 北海道 | 東北 | 関東 | 中部 | 近畿 | 中国・四国 | 九州・沖縄 |
|---|---|---|---|---|---|---|---|
| 健康を重視したい | 34 | 35.4 | 30.6 | 36.2 | 43.1 | 38.8 | 34.6 |
| 質を重視したい | 38 | 37.5 | 41.2 | 31 | 37.9 | 36.7 | 30.8 |
| 余裕があればお金かけたい | 36 | 45.8 | 32.9 | 25.9 | 32.8 | 34.7 | 28.8 |

**図表13　ふとんに対する関心度（%）**

い場所は二つあります。一つは寝室。もう一つはふとんに包まれた人が入る小さな空間（寝床内）です。人は、ほぼ裸で何も寝具を用いないで眠る場合には、29℃（中性温度）の室温で眠るのが最も睡眠が安定するとされていますが、日本には移り変わる季節があり、それぞれの季節で外気温は大きく変わります。寝室も外気温に影響されて季節ごとに室温が変化します。眠っている間にも部屋の温度はどんどん変わっていきます。睡眠を行う寝室の環境の室温として許容されるのは夏季で28℃以下、冬季で10℃以上となります。それでも18℃の幅がありますので、季節と寝室に合わせた寝具と寝衣を選んで、もう一つの環境であるふとんの中（寝床内）を快適な温度に保つことが非常に大切です。ふとんの中の快適な温度は33度±1℃。この温度をいかに実現して維持していけるかが、「いい眠り」の大きなポイントです。

暑い夏場に一晩中部屋にクーラーをかけ続けることは、概日リズムに従って起こる睡眠後半での体温が上昇しない状態では、快適に設定した温湿度よりも体温は低くなります。そのため、起床時にはとても体がだるく、疲労や眠気も強く残ります。[109]

## ②体温について

睡眠は、体温と密接な関係にあります。体温には、午後7～8時ごろが最高となり、午前4～5時ごろが最低となる概日リズムが見られます。このような体温の変化が、睡眠の発現に強い影響を及ぼしています。睡眠中は副交感神経系の活動が高まり、人は日中活動し、夜間になると眠るという生活を24時間周期で繰り返しています。寝るときには体温は下がっていきますが、寝付いてから30分ほど経ち、睡眠が最も深くなった時に出てくる汗が蒸発することによって体温が下がっていきますが、寝床内気候が高温多湿にならないよう、素早く湿気を吸収するふとんが必要となってきます。合繊の既製ふとんの場合、吸湿性に劣るため寝床内が高温多湿となり、寝苦しく寝つきが悪くなるだけでなく、睡眠が深くなっても汗が蒸発しないので体温が低下しにくく途中で目が覚めやすくなります。[110]

また寒すぎる場合、交感神経系の活動が高まるだけではなく、手足の末梢血管が収縮しますので、皮膚からの放熱がおこりにくくなります。その結果覚醒が高まり、入眠が妨害されます。寝具を用いて眠った場合、最も寝心地の良い室温は16～19℃です。寝床内気候が10℃より下がると睡眠が妨害されるため、ふとんの中が10℃以下にならないようにすることが必要です。そこで、「頭寒足熱」が健康に良く、手足を温めることで抹消からの放熱を促すと同時に、頭を直接冷やすことで深部体温をさげ、寝つきが良くなり睡眠が促進されます。ただし、電気敷毛布や電気毛布も有効ですが、一晩中ふとんの中を暖め続けますと、ふとんの中の床内気候は夏の高温環境と同じくなり、体温が下がりにくくなり、睡眠が妨害されます。そのため、電気毛布・電気敷毛布は、寝る前までにスイッチを入れふとんを暖めておき、寝るときにはスイッチを切るようにします。[111]

このように安眠を司るには、むやみにエアコンに頼るのではなく、まず寝床内環境の適正温度33±1℃を維持できるように、季節にふさわしい寝具類を選び、組み合わせることによって実現しなければなりません。その際には、発汗作用（約コップ一杯）により寝床内気候が高温多湿にならないよう、保温性・吸湿性の高い敷ふとんと、掛けふとんは、保温性・吸湿性・発散性・フィット性の高い素材を選び、厚さの違う夏掛け・合掛け・冬掛けを用意し、季節に応じて使い分ける必要があります。さらに、側の素材やカバーは、吸湿性のないポリエステル素材よりも吸湿性の高い綿１００％が適しています。

このような条件を満たす敷ふとんと言えば、何と言っても保温性・吸湿性・弾力性・安定性があり底つき感のない木綿の手作りふとんを挙げることができます。掛けふとんは、保温性・吸湿性・放出性に優れて軽い羽毛・羊毛・木綿の掛けふとんの順に適していると言えます。そして、木綿の敷ふとんの場合は、寝汗を吸って重くなりますので、日干しするかふとん乾燥機を使い、綿をふっくらと甦らせ紫外線や温熱で殺菌し、常に寝具を衛生的に保つことが肝要となっています。

寝床内気候は、33±1℃の快適な温度を保つと共に、エアコンは夏場で寝室が30℃以上の暑さの場合、27℃から19℃の範囲に冷房を設定すれば快適に就寝することができます。また、極寒の場合でも、寝室の温度は10℃以上16℃から19℃の範囲に暖房を設定すれば快適に就寝することができます。[112]

# おわりに

現代における生活スタイルは夜型化し、社会活動は24時間となり、睡眠時間は確実に減少してきています。ＮＨＫが五年ごとに実施している「国民生活時間調査」によると、国民全体の平均睡眠時間は１９６０年には8時間13分でありました。しかし、２０１５年では7時間15分と1時間近く大幅に減少しています。[113]

また、現代社会は24時間社会となり、稼働率アップのため夜勤などの交代勤務や時差勤務を余儀なくされ、夜に活動して昼間に眠るなど、生活環境の変化が身体のリズムを狂わせ正常な睡眠がとれない人々の増加を生み出しています。不眠症は5人に1人、睡眠薬の使用は20人に1人と言われるまでになりました。[114] このように、肉体的・精神的に多大な疲労を感じる状況が増えているのです。毎日そのような疲労を減少、回復するには質の良い睡眠が最も重要となっています。人生の三分の一を、夜安らかな睡眠をとり、快適な朝を迎えるためにも、自分に合った寝具を選ぶ重要性は頓に増しているのです。

天然の素材木綿の手作りふとんは、吸湿性や保温性・弾力性など優れた機能が買われ、若い十代から高齢者に至るまで、愛用する人は少なくありません。綿ふとんの歴史が物語るのは、何と言っても木綿ワタの物性がふとんに最適であったということであります。それは吸湿性であり、日に干した時の放湿と復元力、また、敷ふとんとしての適度な固さであります。更に「打ち直し」という、リサイクルの仕組みによって資源を無駄にせず、ポリエステル合繊ふとんのように環境を破壊する二酸化炭素も排出いたしません。まさに木綿の手作りふとんは、人と環境に優しい二十一世紀の循環型社会にマッチした優等生の商品であるということができるのです。[115]

筆者は、江戸川区は平井の地にて創業93年のふとん屋の二代目店主として、この地に住勤しております。本書中にて「ふとんの打ち直し」という素晴らしいリサイクルの方式について、紙幅を費やしてきましたが、かつて商店街は、「自転車修理」「傘直し」「靴直し」「衣服の継ぎ当て」といった消費者サービスを有する一大リサイクルステーションとして機能していました。

時代は移り変わり、流通革命、市場経済、グローバル化を経て、買い替え需要重視の廉価製品の大量生産・消費社会というフェーズを迎え、モノを大切にし、修理して使い続ける文化と風土は駆逐されてしまいました。同時に駆逐されたのは、修理人たる職人たちでした。商店街の主人たる職人たちの現場からの退場は商店街の衰退に直結します。

超高齢化社会、百歳長寿社会が叫ばれて久しい昨今、定年のない「商人」にとって商店とは「生き場所」でもありました。役者が「舞台の上で死にたい」と願うかのように、商人は「商いの場で死にたい」とさえ願ったものでした。

このように、職人が健康に生きられる場所、一大リサイクルステーション、モノを大切にする心、といった要素を具備する「商店街」は、ＳＤＧｓの課題目標の数々を一気に解消し得るポテンシャルをもった、言わば、完成されたシステムであると言えます。それが失われようとしている今、一縷の望みが断絶されようとしている今、拙著が少しなりとも警鐘を乱打する役割を果たせればと駄文を弄した次第です。

末筆にあたり、「ふとん」の（打ち直しによる）生涯現役を全うさせてあげるために、筆者も商人として生涯現役を貫きたいとの心構えであることを申し添え、本稿を終わらせていただきます。

安田宗光

1 佐藤理、山田幸一監修『畳のはなし』鹿島出版会、1985年、p.2
2 小川光暘『寝所と寝具の文化史』雄山閣、1984年、p.11
3 同右、p.12
4 小川光暘『寝所と寝具の歴史』雄山閣、1984年、pp.115〜116
5 小川光暘『寝所と寝具の文化史』雄山閣、1984年、p.118
6 同右、p.30
7 同右、p.12〜14
8 小川光暘『ねる歴史』日本ソノサービスセンター、1968年、pp.95〜96
9 小川光暘『寝所と寝具の文化史』雄山閣、1984年、p.18
10 小川光暘『ねる歴史』日本ソノサービスセンター、1968年、pp.151〜156
11 小川光暘『寝床と寝具の歴史』雄山閣、1973年、p.143
12 小川光暘『ねる歴史』日本ソノサービスセンター、1968年、pp.166〜168
13 小川光暘『ねる歴史』日本ソノサービスセンター、1968年、pp.174〜177
14 同右、pp.177〜180
15 小川光暘『寝所と寝具の文化史』雄山閣、1984年、pp.152〜157
16 小川光暘『寝所と寝具の文化史』雄山閣、1984年、pp.157〜158
17 小川光暘『寝所と寝具の文化史』雄山閣、1984年、pp.158〜162
18 同右、pp.172〜174
19 小川光暘『寝所と寝具の歴史』雄山閣、1973年、pp.166〜168
20 小川光暘『寝所と寝具の文化史』雄山閣、1984年、pp.170〜180
21 小川光暘、他『ねる歴史』日本ソノサービスセンター、1978年、pp.233〜241
22 小川光暘『昔からあった日本のベッド』ワコール、1990年、pp.181〜182
23 小川光暘『寝床と寝具の歴史』雄山閣、1973年、pp.174〜175
24 渋谷敬治『ねむりと寝具の歴史』日本寝装新聞社、1980年、pp.366〜367

25 瀬川清子『きもの　再版　藁と綿、藁のふとん』六人社、1948年、pp.130～136
26 毎日新聞『昭和史』第8巻、毎日新聞社、1984年、p.151
27 三輪恵美子『ふとんと眠りの本』三水社、1991年、p.42
28 小川光暘『寝床と寝具の歴史』雄山閣、1973年、pp.178～179
29 同右、p.180
30 輪恵美子『ふとんと眠りの本』三水社、1991年、pp.40～46
31 羽毛文化史研究会『羽毛と寝具の話』日本経済新聞社、1993年、pp.177～178
32 三輪恵美子『ふとんと眠りの本』三水社、1991年、pp.42～43
33 渋谷敬治『ねむりと寝具の歴史』日本寝装新聞社、1980年、p.362
34 小川光暘『昔からあった日本のベッド』ワコール、1990年、pp.179～180
35 三輪恵美子『ふとんと眠りの本』三水社、1991年、pp.61～62
36 三輪恵美子『ふとんと眠りの本』三水社、1991年、pp.62～64
37 日本経済新聞社、『日本経済新聞朝刊一面』1984年7月1日
38 三輪恵美子『ふとんと眠りの本』三水社、1991年、pp.64～65
39 日本寝装新聞社『寝装マネジメント』日本寝装新聞社、1998年、p.93
40 羽毛文化史研究会『羽毛と寝具の話』日本経済新聞社、1993年、pp.179～181
41 寝装リビング『寝装リビングタイムス一面記事』ダイセン株式会社、2002年3月21日
42 https://www.env.go.jp › doc › toukei › data（閲覧日2021年7月19日）
43 https://www.esri.cao.go.jp/jp/stat/shouhi/honbun202103.pdf 内閣府（閲覧日2021年7月19日）
44 八木下登代子、他『和式布団に関する研究（第2報）』津川女子大学紀要、1979年、pp.103～104
45 安田宗光『ふとんと畳文化の一考察』株式会社ネオマーケティング、2000年6月
46 https://www8.cao.go.jp/kourei/whitepaper/w-2020/zenbun/pdf/1s1s_01.pdf（閲覧日2021年8月25日）
47 https://www.irisplaza.co.jp/index.php?KB=SHOSAI&SID=717000lF（閲覧日2021年8月9日）
48 梁瀬度子、鳥居鎮夫編『寝具、睡眠の化学』朝倉書店、1984年、pp.117～128

49 宮沢リエ、他「季節による寝床内気候と睡眠経過の関係について」家政研：21、１９７４年、ｐｐ.99～１０６
50 日本睡眠教育機構、編者　宮崎総一郎『睡眠検定ハンドブック』全日本病院出版会、２０１３年、ｐｐ.59～62
51 日本睡眠教育機構、編者　宮崎総一郎『睡眠検定ハンドブック』全日本病院出版会、２０１３年、ｐｐ.61～62
52 Higuchi S, Motohashi Y, Liu Y, et al；Effects of playing a computer game using a bright display on presleep physiological variables, sleep latency, slow wave sleep and REM sleep. Res, 14：267-273, 2005
53 宮崎総一郎・佐藤尚武『睡眠と健康』放送大学教育振興会、２０１３年、ｐｐ.92～96
54 宮崎総一郎・佐藤尚武『睡眠と健康』放送大学教育振興会、２０１３年、ｐｐ.36～41
55 宮崎総一郎、他『睡眠学Ⅱ』北大路書房、２０１１年、ｐ.27
56 松下電工技術研究所『眠りと寝室の科学』松下電工　ライフスケッチ研究室、ｐｐ.90～91
57 Munezawa T, Kaneta Y, Osaki Y, et al：The association between use of mobile nationwide cross-sectional survey. Sleep, 34：1013-1020, 2011
58 Baekelan F, Koulack D, Lasky R：Effects of a stressful preseep experience on electroencephalograoh-recored sleep. Psychophysiology. 4：436-443, 1968
59 内山真『睡眠障害の対応と治療ガイドライン』じほう、２０１９年、ｐ.71
60 日本睡眠教育機構、編者　宮崎総一郎『睡眠検定ハンドブック』全日本病院出版会、２０１３年、ｐ.１５４
61 宮崎総一郎・佐藤尚武『睡眠と健康』放送大学教育振興会、２０１３年、ｐｐ.73～75
62 Setokawa H, Hayashi M, Hori T：Facilitating effect of the occipital region cooling on nocturnal sleep, Sleep Biol Rhythm, 5：166-172, 2007
63 水野一枝、白川修一郎編『睡眠と環境』まゆに書房、２００６年、ｐｐ.１３５～１５６
64 堀忠雄・白川修一郎『睡眠改善学』ゆまに書房、２０１１年、ｐ.63
65 水野一枝・白川修一郎編『睡眠と環境』ゆまに書房、２００６年、ｐｐ.１３５～１５６
66 兜真徳『音によるリラクゼーションと睡眠障害』朝倉書店、１９９９年、ｐｐ.１４６～１５２
67 林光緒、他『睡眠習慣セルフチェックノート』全日本病院出版会、２０１５年、ｐｐ.４～５
68 http://koueki.jiii.or.jp/innovation100/innovation_detail.php?eid=00081&age=stable-growth&page=keii（閲覧日

２０２０年8月26日）
69 羽毛文化史研究会『羽毛と寝具の話』日本経済新聞社、１９９６年、ｐｐ.１７９〜１８１
70 日本経済新聞『日本経済新聞朝刊―経済面』日本経済新聞社、１９９５年1月1日
71 日本経済新聞『日本経済新聞朝刊―経済面』日本経済新聞社、１９９５年4月29日
72 日本経済新聞『日本経済新聞朝刊―経済面』日本経済新聞社、１９９４年11月5日
73 ＮＨＫスペシャル『ワーキングプァ』株式会社ポプラ社、２００７年、ｐ.10
74 宮本みち子『家族生活研究』放送大学教育振興会、２００９年、ｐ.55
75 エレン・ラペル・シェル、楡井浩一訳『価格戦争は暴走する』筑摩書房、２０１０年、ｐｐ.２３４〜２３５
76 https://www.zaikai.jp/articles/detail/540（閲覧日２０２１年7月31日）
77 倉坂秀史『環境政策論』信山社、２０１４年、ｐ.３１６
78 https://www.nitori-net.jp/ec/cat/Shingu/FutonSet/1/（閲覧日２０２１年8月10日）
79 https://www.irisplaza.co.jp/Index.php?KB=KAISO&CID=5915（閲覧日２０２１年8月10日）
80 店頭面接アンケート調査、株式会社カナリヤ、２０１７年6〜8月
81 https://www.stat.go.jp/data/jinsui/2017np/index.html 総務省統計局（閲覧日２０２０年7月26日）
82 岡田昇・亀岡弘編『有機工業化学』化学同人、１９９７年、ｐｐ.９〜10
83 日本経済新聞『日本経済新聞朝刊―総合』日本経済新聞社、２０２０年7月26日
84 日本経済新聞『日本経済新聞朝刊』一面、２０２１年8月10日
85 www.caa.go.jp › survey_002 › pdf › 140617_kekka「平成25年度消費者意識基本調査」の結果―消費者庁（閲覧日２０２０年8月26日）
86 鳥居鎮夫『眠り上手は生き方上手』ゴマ書房、１９９１年、ｐ.１１９
87 堀忠雄、他『睡眠改善学』まゆ書房、２０１１年、ｐ.63
88 日本睡眠教育機構、編者宮崎総一郎『睡眠検定ハンドブック』全日本病院出版会、２０１３年、ｐ.61
89 小原二郎・梁瀬度子監修『眠りと寝室の科学』松下電工　ライフスケッチ研究室、ｐｐ.90〜91
90 堀忠雄他監修、日本睡眠改善協議会編『睡眠改善学』ゆまみ書房、２０１１年、ｐｐ.１１２〜１１３

91 宮崎総一郎編著『睡眠検定ハンドブック』全日本病院出版会、2013年、p.62

92 https://www.sankei.com/article/20211216-4JMO3PWL55PYHBY5I5YG44LFGA/（閲覧日2021年12月5日）

93 林光緒、宮崎総一郎他『睡眠習慣セルフチェックノート』全日本病院出版会、2015年、pp.103～106

94 宮崎総一郎編著『睡眠検定ハンドブック』全日本病院出版会、2013年、p.40

95 https://www.sankeiliving.co.jp/news/20200427202020.html（閲覧日2021年7月10日）

96 https://www.futon.or.jp/futonknowledge/cottoncomforter/（閲覧日2021年7月12日）

97 熊谷徹『ドイツ人はなぜ年290万円でも生活が豊かなのか』青春出版社、2019年 pp.139～142

98 川名英之『どう創る循環型社会』緑風出版、1999年、pp.121～136

99 https://blog.goo.ne.jp/wa8823/e/59f70c61f5c90414bba2c001ec7f5582（閲覧日2021年9月5日）

100 川名英之『どう創る循環型社会』株式会社緑風出版、1999年、pp.122～123

101 https://finance-gfp.com/?p=3008（閲覧日2021年7月19日）

102 遠藤四郎・奥平進之編『不眠症』有斐閣、1981年、pp.277～280

103 https://www.city.oyama.tochigi.jp/site/shinsei-navi/204089.html（閲覧日2021年7月25日）

104 http://calling-ibaraki.net/price（閲覧日、2021年7月25日）

105 廃棄物学会編集『ごみ読本』中央法規出版、1997年、pp.250～251

106 廃棄物学会編集『ごみ読本』中央法規出版、1997年、pp.250～253

107 https://www.mext.go.jp/component/a_menu/education/micro_detail/__icsFiles/afieldfile/2019/03/18/1387017_009.pdf

108 https://www.e-healthnet.mhlw.go.jp/information/heart/k-02-008.html（閲覧日2022年2月2日）

109 日本睡眠教育機構、編著　宮崎総一郎『睡眠検定ハンドブック』全日本病院出版会、2013年、pp.60～61

110 林光緒他『睡眠習慣セルフチェックノート』全日本病院出版会、2015年、pp.120～126

111 日本睡眠教育機構、編著　宮崎総一郎『睡眠検定ハンドブック』全日本病院出版会、2013年、pp.61～62

112 水野一枝・白川修一郎編『睡眠と環境』ゆまに書房、2006年、pp.135～156

113 https://www.nhk.or.jp/bunken/research/yoron/pdf/20160217_1.pdf（閲覧日2021年12月31日）

■ 参考文献 ■

114 宮崎総一郎、他『睡眠と健康』放送大学教育振興会、2013年、pp.8～9
115 日本寝装新聞社『寝装マネジメント2008』日本寝装新聞社、2008年、p.94

**著者略歴**

安田　宗光（やすだ　むねみつ）

1937年、福島県に生まれる。
1962年、日本大学法学部法律学科卒業。
1964年、中央大学法学専攻科修了。
2012年、放送大学大学院文化科学研究科
自然環境科学プログラム修士課程修了。
2015年から、日本大学大学院総合社会情報研究科
国際情報、人間科学、文化情報修士課程を各修了。

現在、㈱カナリヤふとん店の会長を務めながら、59年間手づくりもめんふとんを作り続けている。「わたっ子の会」（環境を汚染し、睡眠障害を起こす、粗大ごみナンバーワンの「使い捨てのふとん」から、リサイクルの出来る、人と環境に優しい「手づくりもめんふとん」を見直す活動）を主催する。

絶滅危惧種　手作りもめんふとん

2023年4月18日　初版発行

著者
安田　宗光

発行・発売
株式会社 三省堂書店／創英社
〒101-0051　東京都千代田区神田神保町1－1
Tel：03-3291-2295　Fax：03-3292-7687
制作／印刷　（株）新後閑


ISBN978-4-87923-194-9　C0077